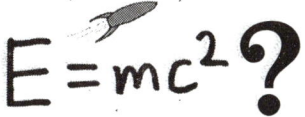

எதனால் $E=mc^2$?

ஆயிஷா இரா. நடராசன்

BOOKS FOR CHILDREN

Edhanal? $e=mc^2$ (In Tamil)

Ayesha Era. Natarasan

First Published : June, 2024

Published by

BOOKS FOR CHILDREN

imprint of Bharathi Puthakalayam

7, Elango Salai, Teynampet, Chennai - 600 018

Email: bharathiputhakalayam@gmail.com | www.thamizhbooks.com

எதனால்? $e = mc^2$

ஆயிஷா இரா. நடராசன்

முதற் பதிப்பு : ஜூன், 2024

வெளியீடு

BOOKS FOR CHILDREN

புக்ஸ் ஃபார் சில்ரன்

பாரதி புத்தகாலயத்தின் ஓர் அங்கம்

7, இளங்கோ சாலை, தேனாம்பேட்டை, சென்னை - 600 018.

தொலைபேசி : 044 24330024 | விற்பனை: 044 24332924

விற்பனை உரிமை

பாரதி புத்தகாலயம்

7, இளங்கோ சாலை, தேனாம்பேட்டை, சென்னை - 600 018.

விற்பனை நிலையங்கள்

அருப்புக்கோட்டை: *கதவுஎண் 49 A/4 மெயின் ரோடு, தெற்கு தெரு - 9994173551*

ஈரோடு: *39: 39 ஸ்டேட் பாங்க் சாலை - 9245448353*

கரூர்: *நாரத கானசபா அருகில் (TNGEA OFFICE)- 9442706676*

காரைக்குடி : *12, 2 வது தெரு, கம்பன் மணிமண்டபம் பின்புறம் - 9443406150*

கும்பகோணம்: *352, ரயில் நிலையம் எதிரில் - 9443995061*

கோவை: *77, மசக்காளிபாளையம் ரோடு, பீளமேடு - 8903707294*

சிதம்பரம்: *22A / 18B தேரடி கடைத் தெரு, கீழவீதி அருகில் - 9994399347*

செங்கல்பட்டு: *1 D ஜி.எஸ்.டி சாலை - 044 27426964*

சேலம்: *15, வித்யாலயா சாலை சாலை | பாலம் 35, அத்வைத ஆஸ்ரமம் சாலை 0427 2335952*

தஞ்சாவூர்: *காந்திஜி வணிக வளாகம் காந்திஜி சாலை - 9655542400*

திண்டுக்கல்: *பேருந்து நிலையம் - 9942331105, 9976053719*

திருச்சி: *வெண்மணி இல்லம், கரூர் புறவழிச்சாலை - 9994289492*

திருநெல்வேலி: *நவஜீவன் டிரஸ்ட் வளாகம், 48-B/10 அம்பை ரோடு, வீராமாணிக்கபுரம் - 9442149981*

திருப்பூர்: *447, அவினாசி சாலை - 9486105018*

திருவண்ணாமலை: *முத்தம்மாள் நகர்*

திருவல்லிக்கேணி: *48, தேரடி தெரு - 9444428358*

திருவாரூர்: *35, நேதாஜி சாலை - 9442540543*

நாகர்கோவில்: *699 கே.பி.ரோடு R.V.புரம் - 9443450111*

நெய்வேலி: *பேருந்து நிலையம் அருகில், - 9443659147*

பழனி: *பேருந்து நிலையம் அருகில் - 7010760693*

பாண்டிச்சேரி : *கிழக்கு கடற்கரைச்சாலை, இலாசுப்பேட்டை, 9486102777*

பெரம்பூர்: *52, கூக்ஸ் ரோடு - 9444373716*

மதுரை: *37A, பெரியார் பேருந்து நிலையம் - 045 22324674 & சர்வோதயா மெயின்ரோடு*

வடபழனி: *பேருந்து நிலையம் எதிரில் அடையார் ஆனந்தபவன் மாடியில் - 9444476967*

விருதுநகர்: *131, கச்சேரி சாலை - 0456 2245300*

வேலூர்: *பேஸ் III, சத்துவாச்சாரி - 9442553893*

நினைத்த நூல்கள்... நினைத்த நேரத்தில்...

BharathiTV | www.bookday.in

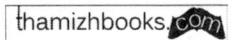

ரூ.130/-

அச்சு: பிரிண்டெக், சென்னை - 600 005.

முன்னுரை

பிரபல அறிவியல் எழுத்தாளர் லிங்கன் பார்னெட் 'தி யுனிவர்ஸ் அண்டு டாக்டர் ஐன்ஸ்டீன்' (The Universe and Dr. Einstein) என்ற ஒரு புத்தகம் எழுதினார். அதற்கு அறிஞர் ஆல்பர்ட் ஐன்ஸ்டீன் ஒரு முன்னுரை வழங்கினார். அதில் அறிவியல் நூல் என்பது (பொதுத் தளத்தில்) எப்படி இருக்க வேண்டும் என்பதற்கு ஐன்ஸ்டீன் தனது கருத்தாக்கத்தை முன்வைத்தார். அது அவரது பிரபலமான மூன்று கூற்றுக்களைக் கொண்டிருந்தது.

உங்களால் ஒரு விஷயத்தை எளிமையாகச் சொல்ல (எழுத) முடியவில்லை என்றால் நீங்கள் இன்னும் அதைப் புரிந்துக் கொள்ளவில்லை என்று அர்த்தம்.

எளிமைப்படுத்துங்கள். ஆனால் மிகமிக எளிமையாக அல்ல. அறிவியலின் அடிப்படையையே சிதைக்கும் அளவுக்கு எளிமைப்படுத்துவது அறிவியல் எழுத்து அல்ல.

அறிவியலை பொதுத்தளத்திற்கு எடுத்துச்செல்வதன் நோக்கம் புதிய கேள்விகள், புதிய சாத்தியங்கள் உருவாக்கத்தான், அறிவுத் தகவலைவி கற்பனை செழிப்பும் படைப்பாக்க அணுகுமுறையும் அறிவியல் துறையை மேலும் வளர்த்திட உதவும்.

சமீபத்தில் ராண்டி ஹாட்டர் எக்ஸ்சைன் லிட்டர்ரி ஆப் இணைய இதழில் ஒரு கட்டுரை எழுதினார். அவர் ஒரு விஷயத்தை மிக அழகாகக் குறிப்பிடுகிறார்.

ஒரு மருத்துவர் தனது துறை சார்ந்து எப்படி ஒரு நோயை அணுகுகிறார், பார்க்கிறார் என்பதற்கும் பொதுவெளியில் அதே நோய் குறித்து மக்கள் பேசுவது என்ன என்பதற்கும் இடையே அறிவியல் எழுத்து பாலமிடவேண்டும். 'மையோகார்டியல் இன்ஃபர்கேஷன்' (Myocardial infraction) என்பது மக்கள் பார்வையில் மாரடைப்பு அறிவியல் எப்படி செயல்படுத்தப்படுகிறது (Pursued) என்பதற்கும் அறிவியல் எப்படி பார்க்கப்படுகிறது (Perceived) என்பதற்கும் இடையே அறிவியல் எழுத்தாளன் ஒரு மெல்லிய கண்ணாடி மேல் மிகமிக கவனமாக நடந்துபோக வேண்டி உள்ளது.

மருத்துவம் மட்டுமல்ல/ ஏனைய துறை சார்ந்த எழுத்துக்களுக்கும் அது பொருந்தும். பாப்சி (Pop-Sci) என்று சொல்லப்படும் பாப்புலர் சயின்ஸ் என்பது பொதுப் பார்வையாளர்களை வாசகராகக் கொண்ட அறிவியல்வெளி. இதனை பெரும்பாலும் அறிவியல் இதழியல் என்கிறோம்.

இந்த பாப்சி வெறும் எழுத்துக்களை மட்டுமே அடிப்படையாகக் கொண்டது அல்ல. திரைப்படம், தொலைக்காட்சி, ஆவணப்படங்கள், குறும்படம் ஏன் அறிவியல் புனை கதைகளையும், வலைப்பக்கங்களையும்கூட இதில் சேர்க்கிறோம். தமிழில் ஒரு காலத்தில் கேள்வி-பதில் வடிவத்தில் சிந்தனை சிற்பி சிங்காரவேலர் இப்படியான பாப்சி கலாச்சார அடித்தளத்தை தொடங்கி வைத்தவர். பிற்காலத்தில் சுஜாதா அதை தொடர்ந்தவர்.

ஆனால் விஞ்ஞானத்தை கவிதை வடிவத்தில் வழங்குவதுதான் முதலில் தொடங்கி இருக்கிறது. 1791இல் ஏராமஸ் டார்வின் (சார்லஸ் டார்வின்

எதனால் e=mc²? | 5

இவரது பேரன்) - தாவரவியல் பூங்கா என்று இரண்டு நெடுங்கவிதைகள் எழுதினார். அந்தக் கவிதையில் அவரது மூன்று கண்டுபிடிப்புகள் அடக்கம். ஆனால் பத்தாம் நூற்றாண்டில் நமது 'பட்டினப்பாலை' நூலில் காவிரிப்பூம்பட்டினத்தின் கப்பல் தளம் குறித்த விவரங்களை அறிவியல் சாகசக் கவிதை என்பதில் எனக்கு உடன்பாடு உண்டு.

கிரேக்க-ரோமானிய அறிவியல் கையேடுகள் பிரபலமானவை. நான் வியந்துபோன விஷயம் 1561இல் நடக்கிறது. அறிவியல் பற்றிய ஆறு கிசுகிசுக்கள்! லேடி இசபெல்லா. இவரது முழுப்பெயர் இசபெல்லா கார்ட்ஸெ. தி சீக்ரெட்ஸ் (அதாவது ரகசியம்) எனும் தலைப்பில் இத்தாலிய ரசவாதம் பற்றிய ஆறு கிசுகிசுக்களை அவர் எழுதுகிறார். எந்தக் கொம்பனாக இருந்தாலும் (நாக்கை தொங்கப் போட்டு) இது என்ன... என்று வாசிக்க வந்து விடுவான்.

இந்த அறிவியல் கிசுகிசுக்கள் (அதாவது இசபெல்லா ரகசியங்கள்) இத்தாலியையே 16-ம் நூற்றாண்டில் ஆட்டிப்படைத்திருக்கிறது. இந்த ரகசியம் தெரிந்தால் நீங்கள் வீட்டிலேயே ஆறு விஷயங்களைச் செய்யலாம். முதல் கிசுகிசு முகச் சாயங்கள் பற்றியது, இரண்டாவது இயற்கையை உங்களுக்கு அடிமையாக்கி மருந்துகளைத் தயாரிப்பது, மூன்றாவது கிசுகிசு விந்து வீரிய அறிவியல் மூலம் படுக்கையில் வெற்றி. நான்காவது எப்பேர்பட்ட கறையையும் அகற்றும் பளீர் வெளுப்பு ஆடைத்தூய்மை. பிறகு சமையலறை கிசுகிசுவையும் ஆறாவதாக மிகவும் பிரபலமடைந்த வீட்டிலேயே நாணயம் தயாரிப்பதும் இத்தாலியை உறங்கவிடாமல் செய்த அறிவியல் எழுச்சியாகும்.

16ஆம் நூற்றாண்டில் மக்களிடையே வெற்று அட்டைகளில் வைத்து அச்சாகி இந்த அறிவியல் கிசுகிசுக்கள் அதிவேகமாகப் பரவின. இசபெல்லா பெண் உடல்பற்றிய ‘ரகசியங்களை’ அடுத்து கிசுகிசுக்களாக வெளியிடத் தொடங்கினார். இந்த மொத்த அறிவியல் பாய்ச்சல் 27 ஆண்டுகள் நடந்ததாக வரலாறு பதிவு செய்திருக்கிறது. வேடிக்கை என்னவென்றால் இசபெல்லா பற்றி இன்றுவரை யாருக்குமே முழு சரித்திரம், ஒரு போட்டோகூட கிடையாது... தெரியாது... ஆகப் பெரிய ரகசியம் அதுதான்.

சீக் ரெடி டெல்லா கோர்டீஸ் இதுதான் கிசுகிசு அறிவியல் நூலின் தலைப்பு. ஒருவேளை இதனை பல பெண்கள் எழுதி இருக்கலாம். பல நூற்றாண்டு கடந்து நம் தமிழில் ஔவை பெயர் நிலைத்தது போலவே இசபெல்லாலைக் கருதவும் வாய்ப்புண்டு. இசபெல்லா பற்றிய ஆறு கிசுகிசுக்கள் அடுத்தடுத்து உலகெங்கும் பரவின/ ஆண்களின் ரகசிய ஆய்வுச்சாலைகளுக்குள் புகுந்து ரசவாதம் பற்றிய ரகசியங்களை உலகறிய வைக்கும் துப்பறிவாளராக முதலில் அவர் சித்தரிக்கப்பட்டார்... அவர்தான் அந்தக்கால ஜேம்ஸ்பாண்ட் அந்தஸ்து பெற்றவர்.

இரண்டாவது அவர் ஒரு பயணப் பெண் ரசவாதியாக அறியப்பட்டார். ஒரு நடமாடும் நாடோடி ஆய்வகம் தங்கள் ஊரில் இரவில் கடந்து போய்விட்டதாக பல ஊர்களில் பேசுபொருளானார். போலந்து மற்றும் ஹங்கேரி நாடுகளுக்கு பறக்கும் கம்பளத்தில் அவர் வானத்தில் பறந்ததாக ஒரு கிசுகிசு. சமூகத்தில் நோய் பரவுதல் முதல் மாந்திரீகம், பேய் பிடிப்பதுவரை எது நடந்தாலும் அந்த வீதிகள் வழியே இசபெல்லா கடந்துபோவார். அவரது ரகசிய

ஆய்வு வாகனம் வெறும் காற்றின் வழியே உங்களைக் குணப்படுத்திவிடும். கற்பூரம், வெள்ளி மற்றும் கந்தகம் இவைபற்றி மனம், உடல் மற்றும் ஆன்மா சம்பந்தமானது என இத்தாலியில் ஓர் ஐதீகம் இருந்தது. இசபெல்லா கிசுகிசு அறிவியல் அதை உடைத்தெறிந்தது. கற்பூரம், வெள்ளி மற்றும் கந்தகத்தை பெண்கள் தொடக்கூடாது எனும் 'தீட்டு'ப் பழக்கத்தை உடைத்தெறிந்து, ஆம்பர் மற்றும் கஸ்தூரி மஞ்சளிலிருந்து பெண் தனது கைகளால் தயாரிக்கும் உலகளாவிய மருந்தை நாள்பட்ட தழும்புகள், வெள்ளைப் புள்ளிகளின் மேல் தடவினால் குணமாகும் என்பது வரை இசபெல்லா ஆதிக்கம் இரண்டு நூற்றாண்டுகள் தொடர்ந்தது. அறிவியலை மக்களிடம் எடுத்துச்செல்ல நாம் செய்யவேண்டியது என்ன என்பதை ஏதோ விதத்தில் அது புரியவைக்கிறது.

இசபெல்லாவின் அறிவியல் நூல் ஏற்படுத்திய ஆகப்பெரிய தாக்கத்தின் காரணம் அதன் அட்டையிலேயே இடம் பெற்றிருந்த ஒரு வாசகம். 'எல்லா ரகசியங்களும் அறிந்து வாசித்த பிறகு புத்தகத்தை எரித்துவிடவும்...' இப்படி ஒரு அறிவிப்பு வந்தால் யார்தான் இதை வாசிக்காமல் இருப்பார்கள். வாசிப்பாளனுக்கு ஆர்வத்தைக் கிளறி அலறியபடி புத்தகத்தை வாங்கி வாசிக்கும் பதற்றத்தைத் தரும் எழுத்துதான் வெற்றி அடையமுடியும் என்பதற்கு இசபெல்லா சரியான முன்னுதாரணம். அடுத்து இசபெல்லாவாதிகள் இங்கிலாந்தில் முளைத்தார்கள்.

1830 என்று நினைக்கிறேன். வானியலாளர் ஜான் ஹெர்ஷல் பிரபலமான அறிவியலின் நுணுக்க

எழுத்துக்கள் மீதான தன் கருத்துக்களை தனது நண்பர் தத்துவஞானி வில்லியம் வீவாலுக்கு எழுதிய கடிதத்தில் முன்வைத்தது பிரபலமாக இன்று ஷேர் செய்யப்படுகிறது. 'ஒவ்வொரு குறிப்பிட்ட அறிவியல் அடிப்படையும் உண்மையில் போராடி கண்டுபிடிக்கப்பட்டது... உண்மையில் என்ன செய்யப்பட்டுள்ளது... அடுத்து என்ன செய்யும்... எப்படி எதை நோக்கிச் செல்லும் என்பதை எழுத்து விவரிக்க வேண்டும்' என்கிறார் அவர்.

1834ல் 'ஆன் தி கனெக்ஷன் ஆஃப் தி பிசிகல்' சயின்ஸ் நூல் வெளிவந்தது. இதை எழுதியவர் மேரி சோமர்வைல் எனும் ஸ்காட்லாந்து அறிவியல் பெண் எழுத்தாளர். இவர் கணித அறிஞர். உண்மையான விஞ்ஞானி. இவருடையதுதான் உலக அளவிலான மிகப்பிரபலமான – மக்கள் அறிவியல் எழுத்து. எந்த அளவிற்கு இவரது எழுத்துக்கள் பிரபலமாக இருந்திருந்தால் இவர் பெயரில் ஆக்ஸ்போர்டு பல்கலைக்கழகக் கல்லூரி ஒன்றிற்கு மேரி சோமர்வைல் கல்லூரி என்றே பெயர் வைத்திருப்பார்கள்! இன்றும் அவரது 'ஹெவன்ஸ்' புத்தகத்தின் அறிய கட்டுரைகள் பாடமாக வைக்கப்படுகின்றன. 2017ல் இங்கிலாந்து – ஸ்காட்லாந்து ராயல் வங்கியின் பத்து டாலர் ரூபாய் நோட்டில் மேரி சோமர்வைலின் படம் பொறிக்கப்படும் அளவுக்கு அறிவியல் எழுத்துக்களை இங்கிலாந்து நேசித்தது. இந்த வரிசையில்தான் சார்லஸ் டார்வினின் 'உயிரினங்களின் தோற்றம்' நூல் 1859ல் வந்தது.

எனவே இருவகையானவர்கள் பொதுவெளியில் அறிவியலை எழுதினார்கள், எழுதுகிறார்கள். ஒன்று

அறிவியல் பத்திரிகையாளர்கள்- இதழாளர்கள் மற்றது அறிவியலே – விஞ்ஞானிகளே எழுதுகிறார்கள்.

தமிழிலும் அதுதான் நடக்கிறது. வெகுஜன இதழ்கள் ஊடகங்களில் அறிவியல் எழுத்துக்கள் ஊக்குவிக்கப்பட வேண்டும். அந்த அவசியத்தை – அழுத்தத்தை தருமளவு சுவாரசியமான மக்கள் ஆதரவைப் பெற இன்னும் நாம் நிறைய உழைக்கவேண்டி இருக்கிறது. சுவீட், காரம், காஃபி என்பதுபோல இலக்கியம், சினிமா அரசியல். சோதிடம் என்பது இன்று அடிப்படை பத்திரிகை ‘தர்மம்’. இதை கலை இலக்கியம், சினிமா, அரசியல், அறிவியல் என்று மாற்றவேண்டும். அதற்கு இசபெல்லாவாதிகளாக மாறவேண்டி உள்ளது.

இந்த நூலில் இடம்பெற்ற கட்டுரைகளை வெளியிட்ட அனைத்து அறிவியல் இதழ்களுக்கும் நன்றி!

ஆயிஷா இரா.நடராசன்

உள்ளே...

	முன்னுரை	3
1.	மாறிலிகள் கையில் பிரபஞ்ச விரிவாக்கம்... நர்லிக்கரின் ஆடு ஜீவிதம்!	11
2.	அறிவியலை அறிவியலே வெல்லும் என்றார் பிளாட்டோ	29
3.	சந்திராயன் - வெற்றி இப்போது இந்தியா என்ன செய்யவேண்டும்	37
4.	மனிதனை மிஞ்சுமா சாட் - ஜி.பி.டி?	44
5.	எதனால் $E = MC^2$?	51
6.	பேரழிவை நோக்கி இந்திய அறிவியல்	60
7.	கிராண்ட் மாஸ்டர் குகேஷும் குவாண்டம் செஸ் ஆட்டமும்	64
8.	'நேனோ' வித அறிவு	78
9.	நோபல் பரிசுப் பட்டியலில் இந்தியர்கள் யாரும் இல்லை	89
10.	ஒரு நிப்பாண்டியின் தொழில்நுட்ப சாகசங்கள்!	96
11.	ராக்கெட் அனுப்புவது மட்டும்தான் அறிவியலா?	106
12.	எங்கே இருக்கிறீர்கள்... பெண் விஞ்ஞானிகளே!	110
13.	ஒரு தபால்தலை சேகரிப்பாளனின் அறிவியல் அனுபவங்கள்	115
14.	வாசிப்பு... இ-வாசிப்பு... மின் வாசிப்பு! ஓர் அறிவியல் பார்வை	122
15.	அறிவியலை அழித்து வரும் அரசை வீழ்த்த வேண்டும்	135

மாறிலிகள் கையில் பிரபஞ்ச விரிவாக்கம்... நர்லிக்கரின் ஆடு ஜீவிதம்!

ஜெயந்த் நர்லிக்கர்

'ஆடு ஜீவிதம்' நல்ல படம். ஆனால் அதைப் பார்த்தபோது எனக்கு ஜெயந்த் நர்லிக்கரின் நினைவே வந்தது. இந்திய வானியல் – இயற்பியல் அறிஞர் ஜெயந்த் நர்லிக்கரின் 'பிரபஞ்ச விரிவாக்கம் – மாறிலிகளின் கையில்' எனும் கொள்கைக்கு நான் ஈர்க்கப்பட்டது 1996ல். உண்மையில் உலகம் பிக்பேங் எனும் பெரு-வெடிப்பு கோட்பாட்டைப் பற்றி – அதையும் தாண்டி புனிதமானது என விவாதித்துக் கொண்டிருந்தபோது, நர்லிக்கர் 1993ல் ஒரு பிரபஞ்ச மாதிரியை வெளியிட்டார். இது பிரபஞ்ச இயக்கவியலில் மிகப்பெரிய விவாதத்தைக் கிளப்பிவிட்டது. மாற்றம் இல்லாத நிலைத்தன்மை பிரபஞ்ச மாதிரியாக இருந்ததால் நர்லிக்கரின் Q.S.S. (Quasi – stately – state – Cosmology) கோட்பாட்டின்மீது அப்போதிருந்த என் அறிவுக்கு – அது ஏதோ ஐன்ஸ்டீனை மறுக்கும் அம்சம் என்று தோன்றிட... எரிச்சலும் வெறுப்பும் ஏற்பட்டது. வானியலாளர் நெட் ரைட் (Ned wright) போன்றவர்கள் எதிர்த்தனர்.

ஆனால் நர்லிக்கர் பிடிவாதமாக இருந்தார். அவரது கோட்பாடு பின்பு ஹோய்ஸ்- நர்லிக்கர் ஈர்ப்புக் கோட்பாடாக விரிவாக்கம் பெற்றது. அப்போது எனக்கு துகள் இயற்பியல்பற்றி பெரிதாக எதுவும் தெரியாது. ஆனால் 2000ம் ஆண்டு நர்லிக்கரின் 'பிரபஞ்சவியல் ஒரு மாற்று வழிப்பார்வை' (A Different Approach to cosmology- Cambridge University Press) நூல் வெளிவந்து சக்க போடு போட்டது. நான் இந்த நூலை வாசித்தது 2009ல்தான். அதற்குள் அவரது (2002) 'பிரபஞ்ச அறிவியலின் வரலாறு' பாடநூல் வந்துவிட்டது. பிறகு நர்லிக்க கோட்பாட்டிற்கு கிடைத்தது எல்லாம் ஆடு ஜீவிதம் வாழ்க்கைதான்.

சீனிவாச ராமானுஜனுக்குப் பிறகு கேம்பிரிட்ஜின் ட்ரைபாஸ் எனும் ஆகக் கடினமான கணித – இயற்பியல் நுழைவுத்தேர்வை – அசால்ட்டாக உதறித்தள்ளி வாகை சூடிய இரண்டாம் இந்தியர் நர்லிக்கர். 1980களில் பூனாவில் வானியல் மற்றும் வானியல் இயற்பியல் பல்கலைக்கழக மையம் எனும் டாட்டா கல்வியகத் துறையின் இயக்குநர் ஆனவர். அவரது துறை வெறும் வானியல் அல்ல. அது குவாண்ட – வானியல். நாங்கள் அவரை விடவில்லை. இன்று நர்லிக்கரின் பிறந்த தினமான ஜூலை 19 இந்திய அறிவியல் புனைகதை நாளாக கொண்டாடப்படுகிறது.

ஆனால் என்னால் நர்லிக்கரின் கோட்பாட்டை ஐன்ஸ்டீன் விரும்பியதுபோல பிரபஞ்சவியலை குவாண்ட (அணுக்கரு) இயலோடு இணைக்கும் அம்சமாக புரிந்துகொள்ள முடிந்தது. இந்தப் பிரபஞ்சத்தில் எதுவுமே நிலையில்லை. எல்லாம் மாற்றத்தை நோக்கிப் பயணிக்கிறது என்றால் நம்மால் அசைக்கக்கூட முடியாத 26 மாறிலிகள்

நிலைகொண்டிருப்பது ஏன்? இக்கேள்வி நர்லிக்கரின் கோட்பாடு முழுதும் எதிரொலிப்பதைக் காணலாம்.

இந்தப் பிரபஞ்சம் நிலையற்று விரிவடைகிறது அல்லது உப்பிக்கொண்டே போகிறது. ஆனால் மாறிலிகள் நிலையானவை. இதுகுறித்து நர்லிக்கர் கோட்பாட்டை அடுத்த படிநிலைக்கு உயர்த்தும் ஒரு புத்தகத்தை நான் சமீபத்தில் வாசித்தேன். 'முடிவுறா எண் உலகங்கள் (An Infinity of Worlds) பிரபஞ்ச விரிவாக்கமும்- தோற்றமும்' (Cosmic Inflation and the beginning of the Universe) என்கிற நூல். இது 256 பக்க நெடும்பயணம். இதை எழுதியவர் வில் கின்னி. அமெரிக்காவின் பஃபெல்லோ பல்கலைக்கழக இயற்பியல் பேராசிரியர்.

இவர் வித்தியாசமான ஒரு கேள்வியை எழுப்புகிறார். பிக்பேங் நடந்திருப்பது உண்மையானால் அதற்குமுன் நடந்தது என்ன?

பிரபஞ்சம் உண்மையில் எவ்வாறு தொடங்கியது?

"வித் தி பிக் பேங்" என்று நீங்கள் சொன்னால், வாழ்த்துகள்: ~1979 வரை அதுவே எங்களின் சிறந்த பதில். அதிலிருந்து எல்லா நேரத்திலும் நாம் கற்றுக்கொண்டது இங்கே. ஃப்ரீட்மேன் சமன்பாடு பெருவெடிப்பு முதல் தற்போதுவரை, விரிவடைந்து வரும் பிரபஞ்சத்தின் சூழலில் நமது அண்ட வரலாற்றின் விளக்கம். பலர் வாதிட்டபோதிலும், பிரபஞ்சம் ஒரு தனித்தன்மையிலிருந்து தொடங்கியது என்பதை நாம் உறுதியாகச் சொல்ல முடியாது. எவ்வாறாயினும், கருந்துளைகள் ஒரு தனித்தன்மையில் "முடிவடைவது" சாத்தியம். நமது பிரபஞ்சமும் அதன் உப்பும் நிலையும், சூடான பெருவெடிப்பைத் தோற்றுவித்தது, இது ஒரு தனித்தன்மையிலிருந்து

வெளிப்பட்டதாகவும் இருக்கலாம். NASA/WMAP உட்பட அறிவியல் குழுக்கள் நமது பிரபஞ்சத் தோற்றம்பற்றிய கேள்விக்கு வரும்போது, பிக்பேங் நமது அண்டத்தின் தோற்றத்தை விவரிக்கும் முன்னணிக் கோட்பாடாக மாறியது. ஆனால் பிக் பேங்கால் விளக்க முடியாத புதிர்கள் உள்ளன என்பது விரைவில் தெளிவாகியது, நர்லிக்கர் உட்பட பலரால் அது கேள்விக்கு உட்பட்டது. இது ஒரு புதிய கோட்பாட்டிற்கு வழிவகுத்தது, இது நம்பமுடியாத கணிப்புகளை உருவாக்கியது, காஸ்மிக் விரிவாக்கம் அல்லது அண்ட விரிவாக்கம், நாம் புரிந்துகொண்டபடி, எல்லாவற்றின் முழுமையான தொடக்கமாக இருந்திருக்க முடியாது. விஞ்ஞானக் கண்ணோட்டத்தில் நமது இறுதி அண்டத் தோற்றம் பற்றிய கேள்வி இன்னும் அப்படியேதான் உள்ளது என்கிறார் வில் கின்னி.

பெரிய கேள்விகளில் ஒன்று - ஒருவேளை எல்லாவற்றிலும் மிகப் பெரிய கேள்வி - நமது பிரபஞ்சத்தைப்பற்றி நாம் கேட்கலாம், நாம் வந்த வழியே திரும்பிச் சென்றால், அது எங்கிருந்து வந்தது என்பதுதான். நட்சத்திரங்கள் மற்றும் விண்மீன் திரள்கள் தோன்றுவதற்கு முன்பு, அணுக்கள் தோன்றுவதற்கு முன்பு, காலத்தின் முதல் கணம் கடந்து மற்றும் கழிவதற்கு முன்பு, இது எப்படித் தொடங்கியது? இது நம்மில் பலர் வியக்கும் ஒரு கேள்வி மற்றும் நமது சிறந்த முயற்சிகள் இருந்தபோதிலும், உண்மையான, அளவிடக்கூடிய தரவுகளால் ஆதரிக்கப்படும் ஓர் உறுதியான, கட்டாயமான பதில் அறிவியலுக்கு இன்னும் கிடைக்கவில்லை. இருப்பினும், எல்லாவற்றிலும் மிகப் பெரிய கேள்விகளைக் கேட்பது மற்றும் தற்போது நாம் இருக்கும் இடத்தைக் கணக்கிடுவது

ஒருபோதும் பெரிய சவால் அல்ல. "பெருவெடிப்பு ஏன் நடந்தது என்பதுபற்றிய ஒரு விவாதத்தை நான் படிக்க இன்று விரும்புகிறேன், அதுவே [முதல்] முதன்மையானது, ஆனால் '[இது] ஒரு தொடர் நிகழ்வு' என்ற எளிய பதில் வேண்டாம்." எனக்கு அது சலித்துப் போய்விட்டது.

நிரந்தர பிரபஞ்ச விரிவாக்கம் உண்மையாக இருந்தால், நேரம் இன்னும் வரையறுக்கப்பட்டதாக இருந்தால், பிரபஞ்சம் எங்கிருந்து வந்திருக்கலாம்? ஏனென்றால் இன்னும் ஓர் ஆரம்பம் இருக்க வேண்டும், இல்லையா? இந்தக் கேள்விக்கு முழுக்குப் போட்டு உண்மையாக நியாயம் செய்ய, நாம் செய்ய வேண்டியது பொதுவாக குழப்பமான மற்றும் மூன்று விஷயங்களைப் பிரித்து, மூன்றையும்பற்றிப் பேச வேண்டும் என்கிறார் வில் கின்னி.

1. சூடான பிக் பேங் (இது நமது பிரபஞ்சத்திற்குப் பொருந்தும்).
2. காஸ்மிக் (அல்லது அண்டவியல்) விரிவாக்க வீக்கக் கோட்பாடு (மற்றும் அது எவ்வாறு பிக் பேங்கிற்கு முந்தியது என்பது பற்றியது).
3. பின்னர் நமது பிரபஞ்சத்தின் இறுதி ஆரம்பம் அல்லது தோற்றம்பற்றிய கேள்வி. ஆனால் பிரபஞ்ச விரிவாக்கம் மற்றும் பிக் பேங்கின் அசல் யோசனை இரண்டுமே அத்தகைய பதிலை வழங்குவதில் அதிருப்தியே மிஞ்சுகிறது.

சூடான பெருவெடிப்பு

20ஆம் நூற்றாண்டின் முற்பகுதியில், நான்கு முக்கியமான தகவல்கள் - ஒரு தத்துவார்த்த மற்றும் மூன்று அவதானிப்புகள் - முற்றிலும் புரட்சிகரமான வழியில் ஒன்றாக வந்தன. அவை பின்வருமாறு:

1. கோட்பாட்டுரீதியாக, ஐன்ஸ்டீனின் பொது சார்பியல் சூழலில், அலெக்சாண்டர் ஃபிரைட்மேன், எந்தவொரு பொருளும் மற்றும் ஆற்றலும் ஒரே மாதிரியாக நிரப்பப்பட்ட ஒரு பிரபஞ்சம் நிலையானதாகவும் நிலைகொண்டதாகவும் இருக்க முடியாது, ஆனால் விரிவாக்க விகிதத்துடன் விரிவடைந்து அல்லது சுருங்க வேண்டும் என்றார்.
2. இடத்தின் ஒட்டுமொத்த ஆற்றல் அடர்த்தியால் தீர்மானிக்கப்படும் சுருக்கம். அவதானிப்பின்படி, ஹென்றிட்டா லீவிட் (செபீட் மாறி) நட்சத்திரங்களின் பிரகாசம் மற்றும் மங்குதல் ஆகியவற்றின் காலத்திற்கும் அவற்றின் உள்ளார்ந்த பிரகாசத்திற்கும் இடையே ஒரு தொடர்பை சமன்பாட்டின் மூலம் ஏற்படுத்தினார்: காலம்-ஒளிர்வு உறவு என்பதே அது.
3. நிலையான வெஸ்டோ ஸ்லிஃபர் சூரியக் குடும்பத்தில் உள்ள "சுழல் மற்றும் நீள்வட்ட நெபுலாக்கள்" என்பதிலிருந்து ஒளி நகர்த்தப்பட்ட (சிவப்பு அல்லது நீல நிறமாலை மாற்றம்) அளவை அளந்தார், அவை விண்மீன் திரள்கள் என்பதை நாம் அறிவதற்கு முன்பே, அவை நம்மைவிட்டு அதிவேகத்தில் பின்வாங்க வேண்டும் என்று தீர்மானித்தது.
4. பின்னர் அவதானித்து, எட்வின் ஹப்பிள் (மற்றும் அவருடன், மில்டன் ஹூமேசன்) மாறி நட்சத்திரங்களை அடையாளம் காணத் தொடங்கினார் - ஹென்றிட்டா லீவிட் ஒரு கால-ஒளிர்வு உறவைக் கண்டறிந்த அதே வகையான மாறி நட்சத்திரங்கள் - அந்த சுழல் மற்றும் நீள்வட்ட நெபுலாக்களில், அவற்றின் தூரத்தை அளவிட அனுமதித்தது.

இந்த நான்கு தகவல்களும் ஒன்றாக இணைக்கப்பட்டால், விரிவடையும் பிரபஞ்சம் பற்றிய யோசனைக்கு வழிவகுத்தது. பலூன்போல விரிவடையும் பிரபஞ்சம். நட்சத்திரங்கள் நடுவே தூரம் அதிகரிக்க பிரபஞ்சம் உப்புவதே காரணம்.

பிரபஞ்சம் விரிவடைகிறது என்றால், அது எதைக் குறிக்கிறது? காலப்போக்கில் முன்னோக்கிச் செல்லும்போது, விண்வெளியே விரிவடைவதால், பிரபஞ்சத்தில் உள்ள பொருள் குறைந்த அடர்த்தியில் நீர்த்துப்போகும், ஏனெனில் பொருள் ஒரு நிலையான எண்ணிக்கையிலான துகள்களால் ஆனது. ஆனால் விண்வெளி விரிவடையும் போது, அது ஆக்கிரமித்துள்ள அளவு தொடர்ந்து அதிகரித்து வருகிறது. எனவே, பிரபஞ்சம் காலப்போக்கில் குறைவான அடர்த்தியை அடைகிறது. அணுக்கள் இணைந்து உருவான பொருட்கள் ஒன்றை ஒன்று அணுக்கள் விடுவிப்பதை அனுபவிக்கும்.

கதர்வீச்சுக்கு, ஃபோட்டான்கள் (அல்லது ஒளி அலைகள்), குறைந்த அடர்த்தியில் நீர்த்துப்போகச் செய்வது மட்டுமல்லாமல், ஓர் ஒளி அலையின் (அல்லது ஃபோட்டான்) ஆற்றல் அதன் அலைநீளத்தால் தீர்மானிக்கப்படுகிறது, என்பது உண்மையானால் விண்வெளியின் அடித்தளமே இழுபடுகிறது அல்லது “நீட்டுகிறது”. அதிக தூரத்தில், ஒவ்வொரு ஒளி அலையின் ஆற்றலும் நீள்கிறது. இதனால் பிரபஞ்சம் விரிவடைந்து நீர்த்துப்போவது மட்டுமல்லாமல், குளிர்ச்சியும் அடையும்.

இருப்பினும், கடிகாரத்தை மாறுதிசையில் காலத்தைப் பின்நோக்கி இயக்கினால் பிரபஞ்சத்தில் உள்ள பொருள் மற்றும் கதிர்வீச்சுக்கு என்ன நடக்கும்

என்று நாம் கருத்தில் கொண்டால் - சரியான நேரத்தில் பின்தங்கிய நிலையில் - துல்லியமாக எதிர் எதிர் நிலைமைகள் ஏற்பட்டிருப்பதைக் காணலாம்: பிரபஞ்சம், இளமையாக இருந்தபோது, அடர்த்தியாகவும் வெப்பமாகவும் இருந்திருக்கும். காலப்போக்கில் இன்னும் பின்னோக்கிச் செல்லுங்கள், அனைத்துப் பொருட்களும் கதிர்வீச்சும் ஒரு சிறிய அளவை ஆக்கிரமித்து, பிரபஞ்சத்தை அடர்த்தியாக்கும். காஸ்மிக் விரிவாக்கத்தால் நீட்டப்பட்ட ஒளி, நீங்கள் கடிகாரத்தைப் பின்னோக்கி இயக்கினால், கடந்த காலத்தில் அதன் அலைநீளம் சுருக்கப்பட்டு, வெப்பமான சூழ்நிலைகள் மற்றும் அதிக வெப்பநிலைக்கு வழிவகுத்திருக்கும்.

இயற்பியல் விதிகள் உங்களை அனுமதிக்கும்வரை, நீங்கள் திரும்பிச் செல்வதைக் கற்பனை செய்தால், நீங்கள் ஒரு ஒற்றை நிலையை அடைவீர்கள்: பொருள் மற்றும் கதிர்வீச்சு அனைத்தும் எல்லையற்ற அடர்த்தி மற்றும் வெப்பநிலையின் ஒரு புள்ளியில் அடங்கியுள்ளது. இதுதான் நர்லிக்கரின் அபாரமான பிரபஞ்சத் தோற்ற அனுமானம்.

இது பிக் பேங்கின் அசல் கருத்தாகும். மேலும் இந்த ஆரம்ப, வெப்பமான, அடர்த்தியான சூழலில் பொருளும் ஆற்றலும் எவ்வாறு தொடர்புகொள்ள வேண்டும் என்பதற்கான இயற்பியல் விவரங்களை உருவாக்கியபோது அது கோட்பாட்டின் ஐந்து "மைல் கல்" கணிப்புகளுக்கு வழிவகுத்தது.

1. *பிரபஞ்சம் விரிவடைந்து கொண்டே இருக்க வேண்டும். இது புறவிண்மீன் பொருட்களுக்கு இடையே ஒரு தெளிவற்ற சிவப்பு- நிறமாலை தூர உறவைக் காட்டுகிறது.*
2. *பிரபஞ்சம் ஓரளவு சீரானதாகத் தொடங்கியிருக்க வேண்டும். மேலும் நட்சத்திரங்கள், விண்மீன்*

திரள்கள், குழுக்கள்/விண்மீன் திரள்கள் போன்ற அண்ட அமைப்புகளும், ஒரு பெரிய அளவிலான அண்ட வலையும் காலப்போக்கில் உருவாகி படிப்படியாக வளர்ந்திருக்க வேண்டும்.

3. பிரபஞ்சம் தொலைகாலத்தில் வெப்பமாக இருந்தது. ஒரு கட்டத்தில் நடுநிலை அணுக்கள் நிலையாக உருவாக முடியாத அளவுக்கு வெப்பமாக இருந்தது. இது ஒரு குறைந்த வெப்பநிலை, சர்வ திசை, கரும்பொருள்-ஸ்பெக்ட்ரம் கொண்ட கதிர்வீச்சுப் பின்னணி (காஸ்மிக் மைக்ரோவேவ் பின்னணி) ஆகியவற்றைக் கணிக்க வழிவகுத்தது.

4. பிரபஞ்சம் தொலைகாலத்தில் மிகவும் சூடாக இருந்தது. அணுக்கருக்கள்கூட நிலையானதாக உருவாகவில்லை. இது ஒளி தனிமங்களின் ஒப்பீட்டளவில் மிகுதியாக இருப்பதைக் கணிப்பதற்கு வழிவகுத்தது: ஹைட்ரஜன், ஹீலியம், லித்தியம் மற்றும் அவற்றின் பல்வேறு ஐசோடோப்புகள், இவை அனைத்தும் ஆரம்பகால பிரபஞ்சக் கொதிகலனில் உருவானது.

5. நியூட்ரினோக்கள் ஒரு முக்கிய பிரபஞ்சப் பாத்திரத்தை ஆற்றியிருக்க வேண்டிய அளவிற்கு கொதிநிலையில் இருந்திருக்க வேண்டும், இது சமீபத்தில் உறுதிப்படுத்தப்பட்ட 5வது கணிப்புக்கு வழிவகுத்தது: இந்த காஸ்மிக் நியூட்ரினோக்கள் பெரிய அளவிலான கட்டமைப்பு மற்றும் மீதமுள்ள கதிர்வீச்சு இரண்டிலும் கண்டறியக்கூடிய முத்திரைகளை விட்டுச்செல்ல வேண்டும்.

பெருவெடிப்பு. அனைத்து ஐந்து கணிப்புகளுக்கும் வலுவான அவதானிப்பு ஆதரவுடன், 1960களின் நடுப்பகுதியில் இருந்து, காஸ்மிக் மைக்ரோவேவ் பின்னணி முதன்முதலில் கண்டுபிடிக்கப்பட்டபோது,

ஆரம்பகால பிரபஞ்சத்தின் நமது முன்னணிக் கோட்பாடாக தொடர்ந்து இருந்து வருகிறது.

காஸ்மிக் விரிவாக்கம்

ஆனால் 1960கள் மற்றும் 1970களில் சூடான பிக் பேங்கிற்கான சான்றுகள் குவிந்தாலும், புதிர்களும் வெளிப்பட்டன: கவனிக்கப்பட்ட பல விஷயங்களை பிக் பேங்கால் விளக்க முடியவில்லை. எடுத்துக்காட்டாக, பிரபஞ்சம் தன்னிச்சையாக அதிக வெப்பநிலை மற்றும் அடர்த்தியின் ஒருமை நிலையில் இருந்து தொடங்கியது என்றால், குறைந்தபட்சம் மூன்று அவதானிப்புகள் உள்ளன, அவை வெறுமனே அர்த்தமற்றவை.

1. அடிவானத்தின் பிரச்சனை:

நாம் வெவ்வேறு திசைகளில் பார்த்தால், பிரபஞ்சம் எல்லா இடங்களிலும் ஒரே வெப்பநிலை மற்றும் அடர்த்தியைக் கொண்டிருப்பதைக் காண்கிறோம். ஆனால் சூடான பிக் பேங்கின் தொடக்கத்திலிருந்துகூட, இந்தப் பகுதிகளுக்கு ஒன்றையொன்று தொடர்புபடுத்துவதற்கோ, தகவல்களைப் பரிமாறி ஆராய்வதற்கோ அல்லது வெப்ப சமநிலையை அடைவதற்கோ சாத்தியமற்றே இருக்கிறது என்கிறார் வில் கின்னி. எல்லா இடங்களிலும் ஒரே வெப்பநிலை மற்றும் நிலைமைகளை அடைய அவை எவ்வாறு உருவாகி, சாத்தியமாயின?

2. தட்டை பிரபஞ்சப் பிரச்சனை:

விரிவடையும் பிரபஞ்சத்தில், பொதுவாக, ஆரம்ப விரிவாக்க விகிதத்திற்கும், எல்லாவற்றையும் மீண்டும் ஒன்றாகக் கொண்டுவரும் ஈர்ப்பு விளைவுகளுக்கும் இடையே ஒரு "சண்டை" நடப்பதுபோல உள்ளது. நமது பிரபஞ்சத்தில், இந்த இரண்டு எதிரெதிர் சக்திகளும் மிகச் சரியாக,

சமநிலையில் இருப்பதை நாம் கவனிக்கிறோம், இது ஓர் இடஞ்சார்ந்த தட்டையான பிரபஞ்சத்திற்கு வழிவகுக்கும். அப்படியானால் ஏன் நமது பிரபஞ்சம் அந்தப் பண்புகளுடன் பிறந்தது?

3. ஒற்றைத் துருவச் (அல்லது பண்டைய நினைவுச்சின்னம்) சிக்கல்:

பிரபஞ்சம் இந்த தன்னிச்சையாக அதிக வெப்பநிலை மற்றும் ஆற்றல் நிலைகளை அடைந்திருந்தால், ஏன் கவர்ச்சியான, எஞ்சியிருக்கும் கனமான அடையாளங்கள் இல்லை: வலது வாகு நியூட்ரினோக்கள், காந்த ஒற்றைத் துருவ மற்றும் பிற துகள்கள் இன்று கவனிக்கப்பட வேண்டியவை அல்லவா?

நாம் எப்பொழுதும் தோள்களைக் குலுக்கிக்கொண்டு, "அவை ஆரம்ப நிலைகளாக இருந்திருக்க வேண்டும் அல்லது பிரபஞ்சம் பிறந்த விதம்" என்று முணுமுணுக்கலாம். ஆனால் அது அறிவியலின் நிறுவனத்திற்கு எதிரானது. மாறாக, இந்த நிபந்தனைகளை கட்டாயப்படுத்தி அமைக்கும் ஒரு பொறிமுறையை விஞ்ஞானிகள் தேடுகிறார்கள்.

1980ஆம் ஆண்டில், அலன் குத் எழுதிய ஒரு குறிப்பிடத்தக்க கட்டுரையில் அந்த வழிமுறை வெளிப்பட்டது. அவர் அதிவேக விரிவாக்கத்தின் ஆரம்ப, விரைவான மற்றும் இடைவிடாத கட்டத்தை வெளிப்படையாகக் குறிப்பிட்டார் - அங்கு பிரபஞ்சத்தின் ஆற்றல் என்பது பொருள் மற்றும் கதிர்வீச்சு குவாண்டா இடையே விநியோகிக்கப்படவில்லை, மாறாக அடித்தளத்தில் இயல்பாகவே இவை இருந்தன. இடமே (வெளி) (ஒரு துறையில் அல்லது வேறு ஏதேனும் ஒரு பொறிமுறையின் மூலம்) - இந்த மூன்று பிரச்சனைகளையும் தீர்க்கும்.

- பிரபஞ்சம் எல்லா இடங்களிலும் ஒரே வெப்பநிலை மற்றும் அடர்த்தியைக் கொண்டிருப்பதற்குக் காரணம், கடந்த காலத்தில், விஷயங்கள் காரணத்தால் இணைக்கப்பட்டிருந்தன: இந்த ஆரம்ப விரிவாக்கக் கட்டத்தில் அவை வெகு தொலைவில் இருக்க "நீட்டப்பட்டன".

- இன்று, பிரபஞ்சம் தட்டையாகத் தோன்றுவதற்குக் காரணம், அது எப்படித் தொடங்கியது என்பதைப் பொருட்படுத்தாமல், விரிவாக்கம் விஷயங்களை "நீட்டிவிட்டதால்" நமக்குத் தெரியும் பகுதி தட்டையிலிருந்து பிரித்தறிய முடியாததாகத் தோன்றுகிறது.

- எஞ்சியிருக்கும் பழங்கால அடையாளங்கள் இல்லாததற்குக் காரணம், பிரபஞ்சம் தன்னிச்சையாக அதிக ஆற்றல்களையோ அல்லது வெப்பநிலையையோ எட்டவில்லை: விரிவாக்கத்தின் முடிவில் அடையப்பட்ட அதிகபட்ச வெப்பநிலை அளவிடத் தகுந்ததாக இல்லை.

இந்த மூன்று அவதானிப்புகள் விளக்கப்படக்கூடிய ஒரு பொறிமுறையை வழங்குவதன் மூலம், பிரபஞ்ச விரிவாக்கம் நிலையான சூடான பிக் பேங்கிற்கு ஒரு சக்திவாய்ந்த மாற்றீட்டை வழங்கியது. விரிவாக்கத்தின் முடிவில் ஐசோட்ரோபிக், ஒரே மாதிரியான ஆரம்பகால பிரபஞ்சத்தை எவ்வாறு மீட்டெடுக்க முடியும் என்பதைக் காட்ட கூடுதல் சிக்கல்கள் தீர்க்கப்பட்டன, விரிவாக்கம் என்பது பிரபஞ்சத்தை ஆரம்பக் குறைபாடுகளுடன் அல்லது அண்டக் கட்டமைப்பின் விதைகளை விதைப்பதற்கான குவாண்டம் பொறிமுறையை வழங்கும். அது பின்னர் விரிவாகக் காணக்கூடியதாகவும் இருக்கும்.

அதற்கு நிர்லிக்கர் கோட்பாடு 27 ஆண்டுகள் காத்திருந்தது.

காஸ்மிக் மைக்ரோவேவ் பின்னணி மற்றும் பிரபஞ்சத்தின் பெரிய அளவிலான அமைப்பு இரண்டிலும் தோன்றவேண்டிய அண்டக் கட்டமைப்பின் விதைகளைப்பற்றிய பல சோதனைக்குரிய கணிப்புகளை விரிவாக்கம் உருவாக்குகிறது, மேலும் கவனிக்கப்பட வேண்டிய அதிகபட்ச வெப்பநிலைக்கான கட்ஆஃப்பை அது அமைக்கிறது: பிளாங்க் அளவுகோலுக்குக் கீழே. 1980களில் செய்யப்பட்ட இந்தக் கணிப்புகள், 1990களில் இருந்து இன்று வரை செய்யப்பட்ட அவதானிப்புகளால் உறுதிப்படுத்தப்பட்டன,

1. குறைபாடுகளின் ஸ்பெக்ட்ரம் - அடர்த்தி மற்றும் வெப்பநிலை ஏற்ற இறக்கங்கள் - அவை கிட்டத்தட்ட, ஆனால் முழுமையாக, அளவு மாறாதவை (மாறிலிகள்).
2. அடர்த்திக் குறைபாடுகள் 100% அடியாபாடிக் மற்றும் 0% ஐசோகர்வேச்சர், விரிவடையும் பிரபஞ்சத்தில் ஒளியின் வேகத்தில் நகரும் சிக்னலைவிட பெரியதாக இருக்கும்.
3. சூப்பர்-ஹரைசன் அளவுகளில் ஏற்ற இறக்கங்கள் மற்றும் வெப்பமான பெருவெடிப்பின்போது பிரபஞ்சத்திற்கு ஒரு வரையறுக்கப்பட்ட அதிகபட்ச வெப்பநிலை, இது பிளாங்க் அளவைவிட கணிசமாக சிறியதாக இருக்க வேண்டும்.
4. விரிவாக்கம் விண்வெளியின் அதிவேக விரிவாக்கத்தை பிரதிநிதித்துவப்படுத்துகிறது, இருப்பினும், பிக் பேங்கின் அசல் மாதிரிபோன்ற ஒருமையில் முடிவடைவதைவிட, இது

தொடக்கத்தில் மிகவும் வித்தியாசமான காட்சியை அமைக்கிறது: ஒரு பிக் பேங், ஓர் ஒற்றை நிலையில் இருந்து காலம் மற்றும் இடம் வெளிப்படுவதைக் குறிக்கிறது.

ஓர் இறுதி ஆரம்பம்?

இப்போது, மிகப் பெரிய கேள்விகளுக்கு நாம் தீர்வு காண வேண்டும்: இவை அனைத்தும் பிரபஞ்சத்தின் "உண்மையான" தொடக்கத்திற்கு என்ன அர்த்தம் தருகின்றன? அத்தகைய ஒன்று இருந்திருந்தால்?

நாம் சூடான பெருவெடிப்பை (விரிவாக்கம் இல்லாமல்) மட்டுமே கருத்தில் கொண்டிருந்தபோது, ஒரு குறிப்பிட்ட நேரத்தில், பிரபஞ்சத்தின் அளவு பூஜ்யத்திற்குச் செல்லும் - ஒரு தனி நிலையை அடையலாம். ஆனால் விரிவாக்கம் ஓர் அதிவேக பாணியில் இடத்தை விரிவுபடுத்துவதால், அதை மீண்டும் ஒருமைக்கு சுருக்குவது சாத்தியமில்லை; அதிவேகங்களுடன், பிரபஞ்சம் பூஜ்ய அளவைக் கொண்ட ஒரு நிலைக்குத் திரும்ப முடிவிலா நேரத்தை எடுக்கும். விஷயங்களை இன்னும் மோசமாக்க, பிரபஞ்ச வீக்கத்திற்கான காணக்கூடிய சான்றுகள், அந்த செயல்முறைகளால் உருவாக்கப்பட்ட இந்த குவாண்டம் ஏற்ற இறக்கங்கள், நாம் அளவிடக்கூடிய மற்றும் கண்டறியக்கூடிய வழிகளில் நமது புலப்படும் பிரபஞ்சத்தில் பதியப்படும்போது, இறுதி ~100 அல்லது அதற்கு மேற்பட்ட "இரட்டிப்புகளுக்கு" மட்டுமே மட்டுப்படுத்தப்பட்டுள்ளது. முன் பிரபஞ்சத்தின் விரிவடைதல் முடிவடைவதற்கு முந்தைய இறுதி ~10-32 வினாடிகளுக்கு மட்டுமே இது ஒத்துப்போகும் என்பதால், நாம் தெரிந்துகொள்ள விரும்புவதற்கு

இது போதாது. முந்தைய சகாப்தத்திற்கு ஒரு ஒற்றைத் தொடக்கத்தை உருவாக்கலாம் என்று நாம் நம்பினால், விரிவாக்கம் அந்த நம்பிக்கையை நசுக்குகிறது; விரிவாக்கத்தை உண்டாக்கியது எது என்றால், அதைப்பற்றி நம்மால் எதுவும் சொல்ல முடியாது.

பிரபஞ்ச விரிவாக்கத்தின் கவர்ச்சிகரமான ஓர் அம்சம் நிரந்தர விரிவாக்கம் என்று அழைக்கப்படுகிறது. விரிவாக்கம் எவ்வாறு செயல்படுகிறது என்பதைப் பற்றிய விவரங்களைப் பார்த்தால், நீங்கள் கட்டமைக்கக்கூடிய எந்த மாதிரியான விரிவாக்கமும் உண்மையில் வேலை செய்யாது. ஆனால், இது அசல் பெருவெடிப்புடன் அந்த மூன்று சிக்கல்களைத் தீர்க்க போதுமான விரிவாக்கத்தை அளிக்கிறது. மேலும் அது பிரபஞ்சத்தை விதைப்பதற்குத் தேவையான குவாண்டம் விளைவுகளை உருவாக்குகிறது. நமது பெரிய அளவிலான பிரபஞ்சக் கட்டமைப்பிற்கு வழிவகுக்கும் குறைபாடுகளுடன் - உங்கள் பிரபஞ்சம் விரிவடையும் வகையில், விரிவாக்கம் சில இடங்களில் முடிவடையும்போது, சூடான பெருவெடிப்புக்கு வழிவகுக்கும், விரிவாக்கம் தொடரும் சுற்றியுள்ள பகுதிகள், தொடர்ந்து உயர்த்தப்படும் வேறு இடத்தை உருவாக்குகிறது. வேறு வார்த்தைகளில் கூறுவதானால், விரிவாக்கம் தொடங்கியவுடன், அது முன்பு இருந்த எல்லா தகவலையும் அழித்துவிடுவது மட்டுமல்லாமல், விரிவாக்க நிலை நிரந்தரமாக எதிர்காலத்தில் நீடிக்கும். எப்போதாவது, பிரபஞ்சத்தின் கட்டமைப்பை விதைக்கும் அதே குவாண்டம் ஏற்ற இறக்கங்கள் காரணமாக, விரிவடைதல் முடிவடையும்போது சூடான பெருவெடிப்பு மீண்டும் ஏற்படும். நிரந்தர நித்திய விரிவாக்கத்திற்கும்

வரம்புகள் உள்ளன: இது எதிர்காலத்திற்கு மட்டுமே நித்தியமானது, கடந்த காலத்திற்கு அல்ல. உண்மையில், விரிவாக்க கால இடைவெளிகள் கடந்த காலத்தைப் போன்றவை அல்ல என்பதை நிரூபிக்கலாம் மேலும் சில முந்தைய, விரிவாக்கம் அல்லாத (மற்றும் ஒருமையில்) நிலையிலிருந்து பிரபஞ்சம் தோன்றியிருக்க வேண்டும்.

விரிவாக்கத்திற்கான மாற்று வழிகளான பாயும் அண்டவியல் அல்லது சுழற்சி அண்டவியல் போன்றவற்றை ஆய்வு செய்வதன் மூலம் இந்த கடந்த கால-முழுமையின்மையிலிருந்து நீங்கள் விடுபட முடியாது. பிரபஞ்சம் ஒரு தனித்தன்மையில் இருந்து தொடங்கியிருக்க வேண்டும். ஆனால் அது அவசியமில்லை. என்றும் தோன்றுகிறது. எடுத்துக்காட்டாக, உங்கள் பிரபஞ்சத்தின் அளவுக் காரணியை (காலப்போக்கில் அதன் மாற்றம் விரிவாக்க விகிதத்தை தீர்மானிக்கிறது) மாடலிங் செய்வதன் மூலம் விரிவாக்கம் நிகழும் கடந்த காலத்தைப் போன்ற முழுமையான கால இடைவெளியை நீங்கள் எளிதாக கணினியில் வடிவமைக்க முடியும். , தானே அதிவேகமாக வளரும். இவை அனைத்தும் கூறுவது:

- வெப்பமான பெருவெடிப்பு என்பது நமது ஆரம்பகால பிரபஞ்சத்தைப் பற்றிய சிறந்த விளக்கமாக இருக்கலாம், ஆனால் அது ஆரம்பம் அல்ல, ஏனெனில் நமது பொருள் மற்றும் கதிர்வீச்சு நிறைந்த பிரபஞ்சத்தின் வெப்பநிலை மற்றும் அடர்த்தியை நீங்கள் எவ்வளவு தூரம் விரிவுபடுத்தலாம் என்பதில் ஓர் எல்லைநிலை உள்ளது.

- சூடான பிக் பேங்கிற்கு முன், காஸ்மிக் விரிவாக்கத்தின் ஒரு காலகட்டம் இருந்தது. இது

வெப்பமான பெருவெடிப்பை உருவாக்கியது. அங்கு விண்வெளி ஆற்றல் நிறைந்ததாக இருந்தது, பொருள் மற்றும் கதிர்வீச்சு என்பவை, மேலும் இடைவிடாமல் அதிவேகப் பாணியில் விரிவடைந்தன.

- ஆனால் விரிவாக்கம் என்றென்றும் நீடித்திருக்க முடியாது, மேலும் ஏற்கெனவே இருக்கும், விரிவாக்கம் இல்லாத சில நிலைகளில் இருந்து அது எழுந்திருக்க வேண்டும். துரதிர்ஷ்டவசமாக, அதிக எண்ணிக்கையிலான விஷயங்களை நம்மால் உறுதியாகக் கூறமுடியாது இருத்தலுக்கான "முதல் காரணம்" என்ற கேள்விக்கான பதிலை நான் உங்களுக்கு வழங்க விரும்புகிறேன்.

என்றாலும் உண்மை என்னவென்றால், விஷயங்கள் எப்படி ஆரம்பித்தாலும்கூட, நமக்கு இன்னும் தெளிவாகத் தெரியவில்லை. இந்த எல்லையில் நிற்கிறது விஞ்ஞானம். இன்று இதைப் படிக்கும் சில இளைஞர்கள் என்றாவது ஒரு நாள் நம்மை நமது அண்டத் தோற்றம் பற்றிய அடுத்த புரட்சிக்கு இட்டுச்செல்வார்கள். பிரபஞ்சத்தின் தோற்றம் விரிவாக்கம் அதற்கும் முந்தைய அண்டவியல் பற்றிய குறிப்பிடத்தக்க தகவல் விவாதங்களின் தொகுப்பிற்காக வில் கின்னிக்கு நன்றி! அவரது புத்தகம், 'உலகின் முடிவிலி: காஸ்மிக் விரிவாக்கம் மற்றும் பிரபஞ்சத்தின் தொடக்கம்' *(An infinity of Worlds: Cosmic inflation and the beginning of the Universe – Will Kinney* இப்போது பேப்பர் பேக்கில் கிடைக்கிறது.

ஒருவேளை அதற்கான விடை துகள் இயற்பியலில் இருக்கலாம். பிக் பேங் எனும் பெருவெடிப்பிற்கு முந்தைய பிரபஞ்சம் குறித்து இதைவிட சிறப்பான

ஒரு புத்தகம் இருக்கமுடியாது. இந்த மேற்சொன்ன தரவுகளுக்கு அனைத்தும் சுழல்வது ஏன்? எனும் கேள்வியையும் ரோஜர் பென்ரோஸ் ரொனால்ட் யென்னாஸ் போன்றவர்கள் இணைக்கிறார்கள். இவர்களது வாதம் ஒருவேளை பிக் பேங் நடந்திருக்கலாம். ஆனால் பிக்பேங் பிரபஞ்சத்தின் தொடக்கமல்ல, நமக்கு பிக்பேங் எனும் பெருவெடிப்பு ஏன் நிகழ்ந்தது என்று தெரியவேண்டும் என்பது ஜெயந்த் நிர்லிக்கரின் வாதம்.

அறிஞர் இத்தன் சீகல் நிலையற்று, முடிவுற்று விரிவடையும் பிரபஞ்சம் என்பதை வெப்ப முடுக்கவியலின் இரண்டாவது விதியோடு (சமநிலைக் கோட்பாடு) இணைத்து சமநிலை என்பதேகூட முடிவுற்ற விரிவாக்கத்தின் மொழியாக இருக்கலாம் என்கிறார். பிரபஞ்சத்தின் இறந்தகாலத்தை அறிய நாம் அதன் எதிர்காலத்தைத் தான் ஆராய வேண்டும். ஏனெனில் ஐன்ஸ்டீனின் சார்பியல் படி காலம் முன்நோக்கி மட்டுமே பாய்கிறது. பின்நோக்கி காலத்தை திருப்புவதை ஒளியின் வேகம் (உலகின் நிகரற்ற மாறிலி) அனுமதிக்காது.

ஃ பிரட் ஹாயில் - ஜெயந்த் நர்லிக்கர் கோட்பாட்டினை அடுத்த படிநிலைக்கு எடுத்துச்செல்ல வெப்பமுடுக்கவியல் இணைப்பு உதவலாம். ஏனெனில் ஜெயந்த் நிர்லிக்கரே குறிப்பிடுவதுபோல (1996) பிரபஞ்சம்- அதிநீண்டதூர மின் முடுக்கவியல் மற்றும் வெப்பநிலை சார்ந்த தன் வரலாறை தனக்குள் புதைத்து வைத்து நமக்கு போக்கு காட்டுகிறது.

★★★

அறிவியலை அறிவியலே வெல்லும் என்றார் பிளாட்டோ

அறிவியலின் மகத்தான வெற்றி என்பது அதன் கண்டுபிடிப்புகளில் இல்லை... அன்றாட வாழ்வின் நம்பிக்கைவாத விவாதங்களை முடிவற்று எடுத்துச் செல்வதில்தான் அதன் வெற்றி இருக்கிறது.

-ஸ்டீபன் ஹாக்கின்ஸ்

"அறிவியலை அறிவியலே வெல்லும்" என்றார் பிளாட்டோ. இது நடந்து பல நூற்றாண்டுகள் கடந்து விட்டன. இப்படி யோசித்துப் பாருங்கள். பகலும் இரவுமற்ற இருள் காலைப்பொழுது.... சிந்தனைக்கும் கருத்தாக்கத்திற்கும் இடையே... அறிதலுக்கும் புரிதலுக்கும் நடுவில், மனதிலிருந்து எழுந்து சிந்தனை நோக்கிப் பயணித்த தத்துவார்த்த அணிவகுப்பின் ஊடாக பிளாட்டோ முன்வந்து நின்றார் கடவுள். பாவம்.

'நான் கடவுள்... உமது கடவுள். உன் உள்ளே நல்லது அனைத்தையும் சிந்திக்க வைப்பவன்... அனைத்தையும் ஆராயும் உமது தார்மீகத் தத்துவம் என்னைப் புறந்தள்ளியது ஏன்?'

பேரறிஞன் பிளாட்டோ தனது குறிப்புகளில் இருந்து பார்வையை எடுக்கவே இல்லை. 'ஓ!' என்றான் முதலில். நீண்ட மவுனத்திற்குப் பின் விடைக்காகக் காத்திருந்த வருகையாளரிடம் 'உமது கேள்விக்கு நான் பதில் அளிக்கும் முன் இந்தக் கேள்விக்கு உம்மிடம் பதில் இருக்கிறதா?' என்றான்.

பிளாட்டோ எந்த எதிர்வினைக்கும் காத்திருக்காமல் தனது கேள்வியை முன்வைத்தான். 'நல்லது என்கிறீரே... அது நல்லது என்பதால் நீர் முன்மொழிகிறீரா அல்லது நீர் முன்மொழிவதால் அது நல்லது ஆகிறதா?'

கடவுள் ஒரு நொடி யோசிக்கிறார்... 'நான் முன்மொழிகிறேன்... அதனால் அது நல்லதாகிறது'.

பிளாட்டோவின் முக ஜாடையை கடவுளால் கிரகிக்க முடியவில்லை. 'விடை தவறு' என்றான். 'நீர் முன்மொழிவதால் நல்லது என்பது நல்லது ஆகிறது என்றால் குழந்தைகளை சித்திரவதை செய்யலாம் என்று நீர் சொல்லிவிட்டதாக யாராவது புளுகினாலும் நல்லதாகி விடாதா.... முட்டாள்தனம்' என்றான் பிளாட்டோ.

கடவுள் சமாளித்தார். 'சும்மா உம்மை பரிசீலித்தேன். அந்த மாற்று... அது நல்லது என்பதாலேதான் நான் முன்மொழிகிறேன் என்பதுதானே உண்மை?.'

'இது... அதைவிட அபத்தம்... ஏற்கெனவே நல்லது என்கிற ஒன்று உள்ளது... அதை முன்மொழிவதுதான் உம் வேலை என்றால்... அதைச் செய்ய நீர் எங்களுக்குத் தேவை இல்லை... நான் நல்லது எது என்பதை ஆய்வுசெய்ய உம்மை பரிசீலிக்கவே தேவையில்லை'.

'ஆனால்...' கடவுளின் குரல் மங்கியது. 'இந்தத் துறையில் நான் சில நல்ல பாடப்புத்தகங்கள் வழங்கி உள்ளது உண்மைதானே?' என்றார். 'உமது தார்மீகத் தத்துவ விளக்கத்தின் அடிக்குறிப்பிலாவது என்னை சேர்க்கக்கூடாதா...' என்றார். இறுதியாக 'அறிவு இயல் என்னை அங்கீகரித்தது போலிருக்குமே?'

'அதுவும் நல்லதா... என்று ஆராயவேண்டும். அறிவு என்னும் இயலுக்குள் நீர் பொருந்தி வர வாய்ப்பில்லை'.

திட்டவட்டமாக உரையாடலை முடித்து விட்டான் பிளாட்டோ... (பிளாட்டோவின் 'இயூத்ரைஃபோ' *Euthyphro* என்ற நூலில் இருந்து).

அன்று போனவர்தான் கடவுள். கடவுள் இறந்துவிட்டார் என்று பிறகு ஸ்பினோசா திட்டவட்டமாக அறிவித்தான். இருக்கிறார் அல்லது இல்லை எனும் விவாதமாகவே தங்கிப் போனார் அவர். கடவுளைத் தேடி அலைந்த ஒரு கூட்டம் அது மனிதனின் உள் இருப்பதாக, பிறகு இயற்கையோடு கலந்திருப்பதாக அப்படி இப்படி என்று அறிவிப்புகளை வெளியிட்ட பல நூற்றாண்டுகளைக் கடந்தும்... எந்தக் கடவுள் நிஜம்... என ஓடிய ரத்த ஆறுகளைக் கடந்தும் அப்படி ஒருவர் இருக்கிறாரோ.... இல்லையோ இது பற்றி எந்தப் பரிசீலனையும் தேவையற்றதாக பிளாட்டோவின் அறிவியல் மட்டும் தர்க்கத்தைப் புறந்தள்ளி பல புரட்சிகளை சாதித்தது. எழுத்தாணியை பேனாவாக்கி பிறகு கணினி மொழியாக்கி அதையும் கடந்து புவியை முற்றிலும் அறிவியல் மயமாக்கி தூணிலும் துரும்பிலும் இருக்கும் அந்த அந்தஸ்தை அறிவியல்தான் எடுத்துக்கொண்டது.

இயற்பியல் முதல் அணுவியல்வரை வேதியியல் முதல் மருந்தியல்வரை வானியல் முதல் விண்வெளி இயல் வரை உயிரியல் முதல் மரபியல்வரை எங்கும் எதிலும் அறிவியல்.. அறிவியல்... சரி, நான் விஷயத்திற்கு வருகிறேன்.

நான் ஏன் அறிவியலை நம்பி ஏற்க வேண்டும்? அறிவியலே வெல்லும் என்று பிளாட்டோ சொன்னது இருக்கட்டும். நான் ஏன் ஏற்கவேண்டும்? ஏனெனில் அறிவியல் தன்னைத்தானே முதலில் நம்புவது இல்லை. இதைக் குறிப்பிடுவது உங்களுக்கு சிரிப்பு வரவழைக்கலாம். நான்தான் எல்லாம்... என்னை

நம்பு... நம்புகிறவனுக்கு சொர்க்கம் காத்திருக்கிறது என்று அறிவியல் அறிவிப்பதே இல்லை. பிளாட்டோ காலம் தொட்டே அப்படித்தான். தற்போதைக்கு கடவுளை விட்டுவிடுவோம்.

சமீபத்தில் இணையத்தில் வத்ரோபோ பல்கலைக்கழக தர்க்கவியல் பேராசிரியர் ஜான் ரைட் எழுதிய ஒரு கட்டுரை வாசித்தேன். தர்க்க விவாதங்களின் இறுதிப்படி நிலை அறிவியல் சார்ந்தது என்று அவர் எழுதுகிறார். அறிவியல் முழுமை அடைந்து முடிந்து போன வடிவம் அல்ல என்பதை புரிந்துகொள்பவர்கள் மட்டுமே அறிவியலை நம்பலாம் என்று அறிவிக்கிறார். மெய்மைகளை அப்படியே ஏற்காமல் அது மெய்மைதான் என்று ஆய்வு செய்து நிறுவுவதால் அறிவியல் அதிக நம்பகத்தன்மை வாய்ந்ததாக இருக்கிறது. பிரிட்டானிய அறிஞர் அறிவியல் சித்தாந்தி காரல் பாபர் பற்றி சொல்ல வேண்டும். பல கணித மேதைகள், நோபல் அறிஞர்களைத் தூண்டிவிட்ட வித்தகர். நான் விரும்பும் அறிவியல் தத்துவ ஆய்வாளர்.

அவர் அறிவியல் அணுகுமுறை பற்றி (நமக்குப் புரியும் விதமாக) விவாதித்து இருப்பதை அப்படியே தருகிறேன். அறிவியல் தனக்கு முன் வைக்கப்பட்டுள்ள ஒரு விஷயத்தை உண்மைதானா என்று பரிசோதிப்பது இல்லை. மாறாக அது பொய்யா என்று பரிசோதிக்கிறது. இதை காரல் பாபர் பொய்யாக்கும் கருத்துரை (Falsification Principle) என்று அழைக்கிறார். ஒரு கோட்பாட்டை விஞ்ஞானிகளால் பல ஆண்டுகளாகியும் அது பொய் என்று நிரூபிக்க முடியவில்லை எனில் அது உறுதிப்படுதல் எனும் தகுதியை அடைவதாக காரல் பாபர் அறிவிக்கிறார். உறுதிப்படுத்தப்பட்ட அந்த விஷயமும் இறுதிப்படுத்தப்பட்டது அல்ல. இன்னும் பல ஆண்டுகள் கழித்தும் அறிவியல்

எதனால் e=mc²? | 33

திரும்பத் திரும்ப அதை எடுத்து ஆய்வுக்கு உட்படுத்துகிறது. மேலும் அதைக் குறித்து அறிவை மேம்படுத்துகிறது. எதையும் சந்தேகி என்று அது எப்போதும் உண்மைகளை அணுகுகிறது.

எனவே வரலாற்றில் ஒரு காலத்தில் அறிவியல் உண்மை என்று நம்பப்பட்ட பலவற்றிற்கு அறிவியலே முற்றுப்புள்ளி வைத்து விட்டது. உதாரணமாக பாதரசம் மனநோயைத் தீர்க்கும் மருந்து என்பது தற்காலத்திற்குப் பொருந்தாது. அதைப்போல உங்களது மண்டை ஓட்டின் மேடு, பள்ளத்தை வைத்து உங்கள் குணாதிசயத்தைச் சொல்லிவிடலாம் என்பதும் பொய்த்தது. அறிவியல் ஒன்றை மிகச் சரி என்று சொல்லுவதற்கு மிக அதிக காலம் எடுத்துக்கொள்கிறது. எடிசன் இன்று இருந்திருந்தால் தனது பல கண்டுபிடிப்புகளைப் பார்த்து அவரே நகைத்திருப்பார் என்பது எவ்வளவு உண்மையோ அதே அளவிற்கு ஐன்ஸ்டீன் ஈர்ப்பு அலைகள் என்று ஒன்று உள்ளது என அறிவித்தபோது சிரித்தவர்கள் நூறாண்டுகள் கழித்து 2015இல் ஈர்ப்பலைகள் இருப்பதை விஞ்ஞானிகள் நிரூபித்தபோது உயிரோடுகூட இருக்கவில்லை. ஐன்ஸ்டீனின் ஈர்ப்பு அலைகள் கோட்பாட்டு பொய்யாக்கும் கருத்துரைகள் உட்பட பல படிநிலைகள் கடந்து இன்று உறுதிப்படுத்துதல் படிநிலையை அடைந்துள்ளது. இனிதான் ஈர்ப்பலைகளின் (Gravitational Waves) பயன்பாடுபற்றிய இறுதிப்படுத்துதல் படிநிலை வரவேண்டும். இதேதான் 'வானொலி அலைகள்' விஷயத்திலும் நடந்தது வெறும் அனுமானம்தான். 1867-ல் ஜேம்ஸ் கிளார்க் மாக்ஸ்வெல் தொடங்கி ஹென்ரிச் ஹெர்ட்ஸ் வரை கணித வரையறைகளாகவும் கோட்பாட்டு அனுமானங்களாகவும் இருந்த 'ஹெர்ட்ஸ்சியன் அலைகள்' (அதன் பழைய பெயர்) 1912இல் உறுதிப்படுத்தப்பட்ட 'வானொலி

அலைகள்' (Radio waves) ஆகின்றன. இன்று நமது வைஃபை (Wi-Fi) என்பது வானொலி அலைகளின் இறுதிப்படுத்தப்பட்ட பயன்பாட்டு படிநிலை ஆகும். அறிவியலை அறிவியலே வெல்லும் என்று பிளாட்டோ அறிவித்தது இதைத்தான்.

பிளாட்டோவாதிகளின் மேலும் ஓர் அடிப்படையை அறிவியல் வரலாற்றாளர் நவோமி ஒரெஸ்கஸ் (Naomi Oreskes) விவரிக்கிறார். அவர் காரல் பாபரின் பொய்யாக்கும் கருத்துரையை ஏற்கிறார். ஆனால் அறிவியலின் நம்பகத்தன்மைக்கு அது மட்டுமே காரணம் அல்ல என்கிறார். அறிவியலின் செயல்பாடுகளில் இருக்கும் உலகளாவிய தன்மையை அவர் காரணமாக சொல்கிறார். தனி மனிதரோ, ஒரு போதகரோ அல்ல. அறிவியலின் வெற்றி பெரும்பான்மை விஞ்ஞானிகளின் ஒருமித்த ஏற்பின் அடிப்படையைக் கொண்டது. அறிவியல் இன்று துறைகளாகப் பிரிந்து இருக்கிறது.

நவோமி ஒரெஸ்கஸ் காட்டும் கீழ்க்கண்ட எடுத்துக்காட்டு பிளாட்டோவாதிகளின் சிந்தனை உலகை உரித்து வெளியே காட்டும் கொண்டுவரும் முயற்சி. ஒரு விஞ்ஞானி குறிப்பிட்ட ஒரு யோசனையை ஆய்வுக்கும் புள்ளிவிவரங்களுக்கும் உட்படுத்தி ஓர் ஆய்வுக் கட்டுரையாக அதைத் தொகுத்து தனது சக (அதே துறை) சகாக்களுக்கு வாசிக்க... பரிசீலிக்கத் தருகிறார். அவர்கள் அந்த ஆய்வுக் கட்டுரையின் சாரத்தை மறுக்க பல வகையில் சோதித்து அதற்கு விமர்சனப்பூர்வமான ஓர் எதிர்வினை ஆய்வுக் கட்டுரையைப் படைக்கிறார்கள். அதற்கு சகாக்களின் எதிர்வினை ஆய்வு அறிக்கை என்று பெயர். அந்த ஆய்வு அறிக்கையின் மூலம் நடந்த விவாதத்தின் அடிப்படையில் தனது இறுதி ஆய்வுக்கட்டுரையைத்

தயாரித்து அந்த விஞ்ஞானி உலகிற்கு வழங்கும் ஒரு நடைமுறை அறிவியலின் நம்பகத்தன்மையை மேலும் கூட்டுகிறது. சமீபத்தில் கோவிட்-19 தடுப்புமருந்துகளின் கண்டுபிடிப்பை அதற்கு உதாரணமாகச் சொல்லலாம். அனைத்தும் கூட்டுமுயற்சியே.

ஒரு கோட்பாட்டு இந்த எதிர்வினை ஆய்வறிக்கை படிநிலைகளைக் கடப்பது உடனே நடப்பதும் அல்லது பல ஆண்டுகள் கடந்து நடப்பதும் இரண்டுமே சாத்தியம்தான். 1896இல் கரியமில வாயுவின் அதிகரிப்பால் புவி சூடேற்றம் நடக்கலாம் என்று ஓர் ஆய்வுக் கட்டுரை வெளிவந்தது. அப்போது அந்த ஆய்வுக் கட்டுரை கிடப்பில் போடப்பட்டது. ஜோசப் ஃபவுரியர் முன்வைத்த பசுமைக் குடில் விளைவும் 20-ம் நூற்றாண்டின் மையப்பகுதி வரை கண்டுகொள்ளப்படவில்லை. 1950-களுக்கு பிறகு புவியில் மனித செயல்பாடுகளால் குறிப்பாக புதை படிவ எரிமங்களால் புவி வெப்ப ஏற்றம் நடப்பதாக ஒரு கோட்பாடு முன்மொழியப்பட்டது. ஆனால் அப்போதும் பெரும்பாலான விஞ்ஞானிகள் அதை ஏற்கவில்லை. ஆனால் 21ஆம் நூற்றாண்டின் முதல் பத்தாண்டுகளில் புவியில் தட்பவெப்பமாறுதல் எனும் பயங்கர பின்விளைவு ஓர் அறிவியல் பூர்வமான தனித்துறையாகவே வளரும் அளவிற்கு பல கண்டுபிடிப்புகளால் நோபல் பரிசு உட்பட பெற்று அங்கீகரிக்கப்பட்டது. இன்று 99% பிளாட்டோ வாதிகளின் கதாநாயகனாக ஃபவுரியர் ஏற்கப்பட்டிருக்கிறார். இப்படித்தான் அறிவியல் நம்பகத்தன்மையைப் பெறுகிறது என்கிறார் நவோமி.

காரல் சாகன் குறிப்பிட்டதைப்போல் (காஸ்மாஸ் நூல்) 'பேரழிவு தினம் என்று ஒன்று இருக்குமேயானால் புவியின் ஏனைய உயிரிகளுக்கும் மனிதனுக்குமான

ஒரு வேற்றுமையாக, தான் அழியப் போகிறோம் என்பதை மனிதன் மட்டுமே முன் உணரமுடியும். அத்தகைய தனித்தன்மை மனிதனுக்கு ஏற்படக் காரணமான ஒன்றிற்குத்தான் அறிவியல் என்று பெயர். ஆனால் பிளாட்டோவாதிகளின் கதை இத்தோடு முடியவில்லை.

21ம் நூற்றாண்டில் இந்திரபிரஸ்தத்தில் அறுதிப் பெரும்பான்மையுடன் ஆட்சியைப் பிடித்த கடவுள் அந்த தேசத்தின் ராக்கெட் ஏவுகணைவாதிகளாக இருக்கும் பிளாட்டோவாதிகள் முன் ஒருநாள் தோன்றுவார் என்று அவர்கள் எதிர்பார்க்கவே இல்லை. கடவுள் அறிவியலுக்குத் தேவை இல்லை என்று பிளாட்டோ பிரகடனப்படுத்திய 2000 வருடங்கள் கழித்து வரலாற்றில் அந்த நிகழ்வு மீண்டும் நடந்தது... (ஆனால் அறிவியல் தனக்குத் தேவை இல்லை என்று அந்தக் கடவுள் எப்போதும் சொன்னதில்லை...)

'என் கோவிலில் என் பிறப்பு அனுமானிக்கப்பட்ட ஒரு நவமி தினத்தில் என் உருவச்சிலைமீது சூரிய ஒளிபடும் வண்ணம் கருவி ஒன்றை வடிவமைத்துத் தரும் பிளாட்டோவாதிக்கு - பரிசு' என்கிறார் கடவுள்.

இம்முறை தங்களது ஆய்வுக்கான நிதி ஆதாரங்களின் அதிகாரத்தை தன் கையில் வைத்திருக்கும் கடவுளிடம் எதுவும் விவாதிக்காமல் மவுனம் காத்த பிளாட்டோவாதிகளிடம் 'போட்டி தொடங்கட்டும்... அறிவியலை அறிவியலே வெல்லும்' என்று கூறிவிட்டு தற்காலிகமாக விடைபெற்றார் கடவுள்.

••••••••••

சந்திராயன் – வெற்றி இப்போது இந்தியா என்ன செய்யவேண்டும்

- கோபாலகிருஷ்ண காந்தி

புவியின் தென்துருவ வெற்றி

ஒன்றை அதிவேகமாகச் செய்து முதலில் முடிப்பவர் யார் என சாதிக்கத் துடிப்பது மனித இயல்பு. போட்டிபோட்டு முந்துவதும் மனித உயிர்த் தூண்டலே. ஓர் இடத்தில் பிற நாட்டினர் வந்து சேர்வதற்குள் தன் தேசத்துக் கொடியை நாட்டுவதும் மனித இயல் பூக்கம் என்பதைவிட ஒருவகை அரசியல் தூண்டல் ஆகும்.

ஏறத்தாழ பதினாறு பத்தாண்டுகளுக்குமுன் 1910-12 காலகட்டத்தில் வடக்கு அரைக்கோளத்தை வென்றெடுக்க இப்படியான ஒரு போட்டி நடந்தது. 43 வயதாகிய பிரித்தானிய கப்பல் படை அதிகாரி ராபர்ட் ஸ்காட் புவியின் தென் துருவத்தை அடையும் துணிச்சலான கடல் பிரயாணத்தில் இறங்கினார். அதே சமயம் நார்வே நாட்டினரான ரோல்டு அமுண்ட்சன்-ராபர்ட் ஸ்காட்டைவிட நான்காண்டுகள் இளையவர். பனிக்கட்டி பயங்கரமான வடதுருவத்தை அடைய, வெற்றிகொள்ள தனது சாகசப் பயணத்தில் இருந்தார். நம்பகத்தன்மையற்ற பெடரிக் காக், ராபர்ட் பியரி ஆகிய அமெரிக்கர்களின் (அதையே) அடைந்துவிட்ட ஆரவாரத்தைக் கேட்டு நொந்த அமுண்ட்சன் அதை முதலில் அடைந்தபோதும் அதிகம் ஆர்ப்பரிக்கவில்லை. வடதுருவம் வெற்றி கொள்ளப்பட்டது. ஆனால் தென்துருவத்தில் மனிதக் காலடி படவில்லை.

ஸ்காட், அமுண்ட்சன் இருவருக்குமே அது சவாலாக இருந்தது மட்டுமல்ல... அவர்களுக்கு தங்களது இலக்கு நன்றாகத் தெரியும். தென்துருவத்தில் மனிதக் காலடி

பதிக்கும் போட்டி அவ்வளவு எளிதல்ல என்பதை அறிந்தும் அவர்கள் அதில் ஈடுபட்டனர். ஸ்காட் அவரது மனிதர்கள், நாய்கள், குதிரைகளோடும், அமுண்ட்சன் அவரது நாய்கள், பனிச்சறுக்கு வண்டிகளுமாக களமிறங்கி இருந்தனர். 1911, டிசம்பர் 14 அன்று அமுண்ட்சனும் அவரது ஐந்து சகாக்களும் ஸ்காட் அணி வந்திறங்க 34 நாட்கள்முன் தென்துருவ அண்டார்டிக்காவை அடைந்தனர். தங்களது நார்வே நாட்டுக் கொடியை அங்கே நட்டதோடு அமுண்ட்சன் நியாயப்படி மனநிறைவு அடைந்தார். தென்துருவ நார்ஸ்க் முகாமிற்கு போல்ஹிம் (துருவ இல்லம்) எனப் பெயரிட்டார். அண்டார்டிகா பள்ளத்தாக்கிற்கே நார்வே மன்னர் ஏழாவது ஹாக்கான் பள்ளத்தாக்கு என்று தன் மன்னரது பெயரை சூட்டினார். அதே வேளையில் ஸ்காட்டும் அவரது குழுவும் மிகக் கொடுமையான அந்தப் பகுதி தட்பவெப்பத்தில் சிக்கி மாண்டுபோக நேர்ந்தது.

தென் துருவத்தை அடைந்து காட்டியதில் அமுண்ட்சன் வரலாற்றில் போற்றப்பட்டாலும் சாகசத்தின் நாயகனாக புராணீக உயரத்தில் வைத்து உலகம் ஸ்காட்டை அவரது நார்வே போட்டியாளரைவிட அதிகம் கொண்டாடுகிறது. எல்லா இனங்களிலும் வெற்றியாளர் உண்டு, சிலவற்றில் நகை முரணாகவும் அது அமைவதுண்டு.

புவியின் தென்துருவ ஒப்பந்தம்

1939-ல் நார்வே டிரானிங் மாவ்டுலாண்டு என்ற தன் மகாராணி பெயரில் (அரசர் ஹாக்கானின் மனைவி) அண்டார்டிக்கா கண்டத்தின் பெரும்பகுதியை சொந்தம் கொண்டாடியது. இந்தப் பகுதி அந்தப் பனிக் கண்டத்தின் மொத்தப் பரப்பில் ஆறில் ஒரு பங்கு பெரியது. மேலும் நார்வே அண்டார்டிக்கா தீபகற்பத்திலிருந்து 450 கி.மீட்டர் தள்ளி மேற்கே அமைந்த பீட்டர் தீவையும் தனது என்று சொந்தம் கொண்டாடியது

இப்படி தென்துருவத்தை ஆக்கிரமிப்பதில் நார்வே பிரிட்டனை பின்னுக்குத் தள்ளியது. ஆனால் பிரிட்டன் அண்டார்டிக்காவில் தனது உரிமையை விட்டுக்கொடுக்க முடியாது. மற்ற நாடுகளாலும் முடியாது. தென் துருவத்திற்கு முதலில் வந்து வெற்றிகொண்ட நாடு என்று நார்வே தன்னை அழைத்துக்கொள்ளலாம். ஆனால் இரண்டாவதாக வந்து வெற்றி கண்டவர்கள் பிரித்தானியர்கள். அண்டார்டிக்காவில் இதெல்லாம் எங்களது பிரதேசம் என்று மார்தட்டும் ஐந்து பிற நாடுகளும் உண்டு. அவை ஆஸ்திரேலியா, அர்ஜென்டினா, சிலி, பிரான்சு நியூசிலாந்து. எனவே ஏழு நாடுகளின் கொடிகள் பறக்கும் இடமாகப் பிரித்து நாம் அண்டார்டிக்காவை பார்க்கிறோம். உலகை ஆக்கிரமித்த காலனியாதிக்க பகுதிபோல இவை இல்லை. அங்கே சுதந்திரம் மறுக்கப்பட்டு அடிமையாய் இருக்கும் மனிதர்கள் இல்லை. என் தாய்மண் என்ற விடுதலைப் போராட்டமும் இல்லை. அப்படியானால் இந்த வாழும் தகுதியற்ற ஓர் இடத்தில் போய் ஏழு நாடுகள் கொடி நாட்டவேண்டிய அவசியம் என்ன?

1958ஆம் ஆண்டை சர்வதேச புவி இயற்பியல் ஆண்டாக (International Geo - Physical Year) ஐ.நா. சபை அறிவித்தபோது சோவியத் - அமெரிக்கப் பனிப்போர் பலவகை உச்சங்களை தொட்டிருந்த சூழலில் அப்போதைய அமெரிக்க அதிபர் ஹெய்சனோவர் 1959-ல் அண்டார்டிக்காவில் பெரிய அளவில் சுறுசுறுப்பாக இயங்கிய 12 நாடுகளை உள்ளடக்கி அண்டார்டிக்கா உச்சி மாநாடு எனும் ஒன்றைக் கூட்டினார். அண்டார்டிக்காவில் அணுகுண்டு சோதனைகள் நடத்துவதற்கு தடை விதிக்க வேண்டும் என்று அர்ஜென்டினா தீர்மானம் கொண்டுவந்தபோது அதை அமெரிக்கா எதிர்த்தது. முன்அனுமதி பெறாத சோதனைகளை தடை செய்யலாம் என்பது அமெரிக்காவின் வாதம். சோவியத் யூனியனும்

சிலியும் அர்ஜென்டினாவின் தீர்மானத்தை ஆதரிப்பதாக அறிவித்தபோது அமெரிக்கா அதை ஏற்று பேச்சுவார்த்தை நடத்த முன்வந்தது.

இன்றைய கண்காணிப்பும் புரிதலும்

இன்றைய காலகட்டத்தில் செயற்கைக்கோள் மூலம் அங்கே சந்தேகத்திற்கு இடமான எந்த செயல் நடந்தாலும் உடனே அறிந்து தடுத்துவிட முடியும். இப்படி 'வான்-விழி'களை புவி சாதிக்கும் முன்பே ஆரம்பத்தில் அங்கே சென்றுவிட்ட அண்டார்டிக்கர்கள் தங்களது நிலைப்பாட்டை உறுதி செய்ய பலரோடு தங்களது இடத்தை பகிர்ந்துகொள்ள வேண்டியதாயிற்று. அர்ஜென்டினா, ஆஸ்திரேலியா, பெல்ஜியம், சிலி, பிரான்சு, ஜப்பான், நியூசிலாந்து, நார்வே, தென் ஆப்பிரிக்கா, சோவியத் ரஷ்யா, பிரிட்டன் அமெரிக்கா என 12- நாடுகள் அண்டார்டிகாவில் 55 ஆய்வு நிலையங்களை அதே சர்வதேசப் புவி இயற்பியல் ஆண்டில் அமைத்து இரண்டு குறிக்கோள்களை முழுமையாக ஏற்று ஓர் ஒப்பந்தத்திலும் கைசான்றும் இட்டன. முதலாவது அறிவியல் ஆய்வுகளுக்கான சுதந்திரம், அண்டார்டிக்காவை அமைதி வழிகளுக்கு மட்டுமே பயன்படுத்துதல் என்று இரண்டாவது நிபந்தனை. நாடுகளிடையே மறைமுகமாக அணு சோதனை, ராணுவத் தளவாடச் சோதனை, பொருளாதாரச் சுரண்டல் அங்கே நடக்கக்கூடாது எனும் ஒருமித்த கருத்து ஏற்படலாயிற்று. இன்று அந்த ஒப்பந்தத்தில் 54 நாடுகள் உள்ளன. அவற்றில் 29 நாடுகள் மைய ஆலோசனை நாடுகள். இந்தியா ராணி மாவ்டு தீவில் தனக்கென்று சொந்தமாக ஆய்வுக்கூடம் வைத்திருப்பதோடு 29 ஆலோசனை நாடுகளில் ஒன்றாகவும் உள்ளது.

மிக நுண்ணிய முறையில கண்காணிப்புக் கருவிகள் பொருத்தப்பட்டுள்ளன. இன்று 66 அறிவியல் ஆய்வகங்கள் உண்டு. அவற்றில் 37 ஆண்டுகள்

முழுவதும் ஆய்வாளர் வருகை கொண்டுள்ளது. கோடை பனி நில ஆய்வுக்கு ஆண்டுதோறும் சுமார் 4000 பேரும் குளிர்காலத்தில் சுமார் 1000 பேரும் சென்று ஆயவு செய்கிறார்கள். என்னைப் பொருத்தவரை மனித இனத்தின் மேன்மைக்கான ஒருங்கிணைந்த முயற்சி என்றாலும் புவியின் காலநிலை மாறுதல் உட்பட இன்றைய சூழலியல் சிக்கல்கள் குறித்த உண்மையான ஆய்வுகள் அங்கே நடக்கிறதா என்பது ஆய்வுக்குறியது.

ஆனால் இந்தக் கட்டுரை புவியின் தென்துருவம் பற்றியது மட்டுமே அல்ல.

பூமியின் கடல்கள் பனிக்கட்டிகள் இவற்றோடு ஒப்பிட்டால் விண்வெளி முற்றிலும் வேறானது. ஆனால் அண்டார்டிக்கா மாதிரியான அதே போட்டி விண்வெளியை அடைவதிலும் கடும் உழைப்பு, விடாமுயற்சி, பெரும் செலவு இவற்றின்மூலம் துல்லியத்தை அடைந்த அரசுகளிடையே-அதிவேகம் அதீதமான உயரங்களை ஏனையோரைவிட முதலில் சாதிக்க-நடந்து வருகிறது. அதே சமயம் விண்வெளியை ஆயுதப் போருக்குப் பயன்படுத்திவிடக்கூடாதே எனும் பதட்டமும் உள்ளது.

வான்கட்டுப்பாடு குறித்த புதிய ஒப்பந்தம்

நம் தென்துருவம் அமுண்ட்சனையும் ஸ்காட்டையும் ஈர்த்ததுபோலவே நிலவின் தென்துருவம் ரஷ்யாவின் லூனா- 25 ஐயும் இந்தியாவின் சந்திராயன் -3யையும் ஈர்த்தது. இந்தியாவின் விக்ரம் தரை இறங்கி இலக்கை அடைந்தது. ஆனால் துரதிர்ஷ்டவசமாக ரஷ்யாவின் முயற்சி தோல்வியில் முடிந்தது. அண்டார்டிக்கா ஒப்பந்தம்போலவே 1979ல் ஐ.நா. சபை 34/68 (விண்வெளி ஒப்பந்தத்தின் பல ஷரத்துக்களை விரிவாக்கி) நிலா ஒப்பந்தம் என்ற ஒன்றை ஏற்றது. இதன்படி சந்திரனின் நிலப்பரப்பு உலக அமைதி நடவடிக்கைகளுக்கு மட்டுமே பயன்படுத்தப்பட வேண்டும். என்றும் அதன்

சுற்றுச்சூழல் பாதிக்கப்படக்கூடாது என்றும் ஏற்கப்பட்டது. அங்கு எந்த ஆய்வு முகாம் ஏற்படுத்தப்பட்டாலும் ஐ.நா. சபைக்கு முறைப்படி தகவல் தெரிவிக்கவேண்டும். சந்திரனும் அதில் கிடைக்கும் இயற்கை வளங்களும் ஒட்டுமொத்த மனித இனத்தின் பாரம்பரிய சொத்து என்று ஒப்பந்தம் கூறுகிறது. அப்படி அதன் இயற்கை வளத்தை எப்போதாவது பயன்படுத்தும் நிலை ஏற்பட்டால் ஒரு சர்வதேச அரசு ஏற்படுத்தப்பட்டு அதைக் கண்காணிக்க வேண்டும். நிலா ஒப்பந்தம் என்பது சுய கட்டுப்பாட்டையும், நம்பிக்கை அடிப்படையில் உலகளாவிய புரிதலையும் உள்ளடக்கும் அதே வேளையில் முதலில் அடைதல், சென்று இறங்கி கொடி நாட்டுதல் மற்றும் ஆய்வுகளுக்கும் தடையற்ற சாகச அம்சம் நிறைந்ததாகும்.

பெருமைக்கும் உற்சாகமாய் கொண்டாடுவதற்கும் உரிய சந்திராயன் - 3 எனும் பிரமாண்ட சாதனை என்பது பொறுப்பும் முதிர்ச்சியும் மிக்க இந்தியாவின் புவி சார்ந்த சந்திரனின் எதிர்கால அணுகுமுறை பற்றிய கொள்கைப் பிரகடனமாக உருவெடுக்க வேண்டும். வேறுவகையில் சொல்வதனால், நிலவின் புவி முன்னோடியான இந்தியா புவியின் சந்திரன் குறித்த நோக்கம் மற்றும் புவியின் துணைக்கோளாக சந்திரனின் எதிர்காலம் ஆகியவை குறித்த முதல் சர்வதேச பிரத்யேகக் கொள்கை ஒன்றை முழு புரிதலோடும் நடைமுறை சாத்தியங்களுடனும் உருவாக்கி உடனடியாக உலகிற்கு வழிகாட்ட வேண்டும். நிலவு குறித்த அனுகுமுறை அதைப் புவியின் சகாவாக (புவியின் ஆக்கிரமிக்கப்பட்ட செல்வமாக அல்ல) கருதி அறிவியலின் கூட்டாளியாக (காலனித்துவ அடிமைப் பிரதேசமாக அல்ல) அமைய வேண்டும். சர்வதேச நிலா ஒப்பந்தம் அடுத்த படிநிலைக்கு எடுத்துச்செல்லப்பட வேண்டும். பிரதமர் நரேந்திர மோடியின் கூற்றான 'சந்திராயன்-3'ன் வெற்றி

இந்தியாவின் வெற்றி மட்டுமல்ல, ஒட்டுமொத்த மனித குலத்தின் வெற்றி' என்பது வரவேற்கத்தக்க பொறுப்புமிக்க கூற்றாகும்.

அதன் தொடர்ச்சியாக அவர் உலக அளவிலான விண்வெளி ஆய்வுகளுக்கான பங்களிப்பையும் செய்யவேண்டும். அவர் விண்வெளியில் அனைத்து நாடுகளுக்குமான அடிப்படை உரிமை குறித்த பிரகடனத்தை முன்மொழிய வேண்டும். இதன்மூலம் விண்வெளியில் நம் புவி மனிதர்களின் பொறுப்பு, கடமை, செயல்பாடுகளில் இணக்கம் அதிலும் குறிப்பாக விண்வெளிக் குப்பை கூளங்களை அகற்றுதல் உட்பட நெறிமுறைகளை வகுத்தளிக்கலாம். இந்த முன்னெடுப்பு விண்வெளியை ஒருபோதும் யுத்த தளவாட மயமாகாதபடி சமசரமற்ற உறுதிப்பாட்டை கொண்டுவரவேண்டும். விண்வெளி ஒப்பந்தமும் நிலா ஒப்பந்தமும் இன்று தற்கால அறிவியல் தொழில்நுட்ப முன்னேற்றத்தின் அடிப்படையில் மட்டுமல்ல, வான் நோக்கிய நம் தார்மீக திசைகாட்டலின் அடிப்படையிலும் சீரமைப்பு செய்யப்பட வேண்டும்.

மேலாதிக்கத்தை செலுத்தும் போலி கவுரவத்திற்காக விண்வெளியை தொற்றி ஏறுகின்ற பிறரைப்போல இந்தியாவால் இவ்விஷயத்தை அணுகமுடியாது. விண்வெளி பொது மானுடச் சொத்து என்பதற்காக மட்டுமல்ல, இந்தப் பிரபஞ்சத்தின் முழு நலனையும் அமைதியையும் மனதிற்கொள்ள வேண்டிய கடமையும் நமக்குண்டு.

••••••

நன்றி - தி இந்து ஆங்கிலம், 21.09.2023 இதழ்

தமிழில் - ஆயிஷா இரா.நடராசன்

மனிதனை மிஞ்சுமா சாட் – ஜி.பி.டி?

இன்று உலகையே புரட்டிப்போட்டிருக்கும் அறிவியல் பிரமாண்டம் சாட்- ஜி.பி.டி! இது ஒரு ரோபோட். இதனால் என்னவெல்லாம் செய்யமுடியும் என்கிற விஷயங்கள் வெளிச்சத்திற்கு வந்தபோது முதலில் அலறியது கூகுள்தான். ஆயிரக்கணக்கான மென்பொருள் சிமிக்கை புரோகிராம் பொறியாளர்களை வீட்டிற்கு அனுப்பி அதற்கு சாட் – ஜி.பி.டி.யின் வரவே காரணம் என்று சுந்தர் பிச்சை அறிவித்தார். சாட்- ஜி.பி.டி. யின் லேட்டஸ்ட் சாதனை அது மருத்துவ இறுதித்தேர்வை அரைமணி நேரத்தில் எல்லா கேள்விகளுக்கும் சரியான விடை கொடுத்து முடித்து டாக்டர் சாட்-ஜி-பிடி. ஆகிவிட்டது! அதிர்ச்சிதரும் தகவல் என்னவென்றால் கணினி நிரல்களை மிகக் கச்சிதமாக எழுதி சாட்- ஜி.பி.டி. உலக அளவில் பல லட்சம் மென்-பொருள் (ஐ.டி.) பொறியாளர்களை வீட்டிற்கு அனுப்ப இருக்கிறது. முதலில் சாட்- ஜி.பி.டி. என்றால் என்னவென்று பார்ப்போம்.

கூகுளுக்குச் சென்று கேள்வியை நாம் தட்டச்சு செய்கிறோம் அல்லவா? அது ஒரு மென்பொருள். அதுவும் செயற்கை நுண்ணறிவே. கூகுள் ராண்டம் சர்ச் (Random Search) எனும் பேஜ்ரேங்க் அல்காரிதத்தைப் பயன்படுத்துகிறது. இணையம் முழுதும் தேடி – பொருத்தமான தரவுகள் எங்கெல்லாம் உள்ளன என்பதை தேர்வுசெய்து எடுத்துவந்து திரையை நிரப்பும்போது அதுவே ஒரு தரப்பட்டியலும் (Ranking) தயாரித்து அதன்படி வரிசைப்படுத்துகிறது. அவ்விதம் செய்யும்போது

அது ஐந்து வகையாக செயல்படுகிறது. முதலில் நாம் தொடுத்த வாக்கியம் சொல் என நம் உள்ளீடை - இயற்கையான பொருளில் ஏற்று அதைக் குறித்து தன் வேலையை தீர்மானிக்கிறது. இரண்டாம் வகையில் கேட்பவரின் தேவை என்னவாக இருக்கலாம் என்பதைக் கணிப்பது. நாம் ஏற்கெனவே தேடியதை வைத்து நமது தேடலை (சந்தையில்) வாங்குவது, விளக்கம், விமர்சிப்பது, குறிப்பிட்ட இணைய முகவரி தேடல் இவற்றில் எது எனத் தீர்மானிக்கிறது. அப்படி, தான் திரட்டிய பல்வேறு இணையத்தரவுகளை வரிசைப்படுத்தும்போது தேதி-காலம் அடிப்படையில் லேட்டஸ்ட் விஷயம் முதலில் வருமாறு வரிசைப்படுத்துதல், சொற்களின் அடிப்படையில் வரிசைப்படுத்துதல் என அந்த அல்காரிதம் செயல்படுகிறது.

அவ்விதம் நம்முன் திரையில் தோன்றியதை நாம் பகுத்தறிந்து தொகுப்பாய்ந்து பயன்படுத்துகிறோம். நமக்கு என்ன தேவை என்பதை நாம் அது கொடுத்த தரவுகளின்படி பலவகை இடையீடுகள் செய்து நமது தேடலை மேலும் அகலமாக்கி ஒரு முடிவை அடைகிற இறுதி நிலை நம்முடையதாக இருக்கிறது.

ஆனால் சாட்- ஜி.பி.டி. அந்த எல்லா வேலைகளையும் தானே செய்து 'இறுதி விடையை' நமக்கு வழங்கிவிடும் அதிசயத்தை நிகழ்த்துகிறது. 'மனித' வேலையை ரோபோட் செய்துவிடுவதே நம் 21ம் நூற்றாண்டின் முன்னெடுப்பாக இருக்கும் என்பது அறிஞர் மிக்சியோ காக்கு உட்பட பலரும் கணித்ததுதான். உதாரணமாக கடந்த சில நாட்களுக்குமுன் எனக்கு ஏற்பட்ட அனுபவத்தைப் பகிர்கிறேன். நான் சாட்- ஜி.பி.டி.யிடம் செல்ல அவசரம் காட்டவில்லை. ஆனால் அது குறித்து

வந்துகொண்டிருந்த பலவகையான அனுமானங்களால் ஈர்க்கப்பட்டது உண்மைதான். ஆளாளுக்கு ஒன்றைக் கொளுத்திப் போட்டுக்கொண்டிருந்தார்கள். மனிதனையே மிஞ்சிவிட்டது. கோடிக்கணக்கானவர்களுக்கு வேலை போய்விடும். கணினிப் பொறியாளர் முதல் பேராசிரியர் வரை எல்லா வேலைகளையும் அதுவே செய்துவிடும். இது இருந்தால் ஜெயிக்கலாம் என்று யூ-டியூப் ஜோதிடர்கள்போல ஆருடங்கள். இத்தனைக்கும் சாட்-ஜி.பி.டி., தற்போது ஒரு சோதனை ஓட்டத்திற்கே விடப்பட்டுள்ளது. தற்போது வரை இலவசம். அதற்கு காரணம் உண்டு. ஒரு தடுப்பூசியை கண்டுபிடித்துவிட்டு ஒரு லட்சம் பேருக்கு (இலவசமாக) போட்டுப் பார்த்து சோதிப்பதுபோல அதை வெள்ளோட்டம் விட்டு மேம்படுத்துகிறார்கள்.

கூகுள், சாட்-ஜி.பி.டி. இரண்டிடமும் ஒரே கேள்வியைக் கேட்பது என்று முடிவு செய்தேன். இரண்டும் ஒன்றுதான். ஆனால் ஒன்றல்ல... என்கிற வடிவேலு நிலைமைதான் நமக்கு. நான் கேட்டது மிகமிக சுலபமான கேள்வி. 'ஒரு கைபேசி வாங்க வேண்டும்.. என்ன செய்யலாம்?' இதை கூகுள் எதிர்கொண்டு மொத்தம் 164760 தரவுகளை கொண்டுவந்து என் திரையில் கொட்டியது. லேட்டஸ்ட் மாடல்வரை எல்லாம்... இது நமக்குத் தெரிந்ததுதான். சாட்-ஜி.பி.டி. அப்படி எதுவும் செய்யவில்லை. 'நீங்கள் இந்தியாவில் இருக்கிறீர்கள்... நாளை மறுநாள் நிதிநிலை அறிக்கை (பட்ஜெட்) தாக்கல் உள்ளது. விலை மற்றும் வரிவிதிப்பில் மாறுபாடுகள் வரலாம். கைபேசி வாங்குவதை இரண்டு நாட்களுக்கு தள்ளிப்போடுவதே நல்லது. இருந்தாலும் கீழ்க்கண்ட விஷயங்களை

பரிசீலிக்கலாம்...' என்ற ஒரு நான்கு பாரா திரையில் விரிந்தபோது நான் புன்னகைத்துக் கொண்டேன். நான் இருக்கும் நாடு. பிரதேசம் சாட்- ஜி.பி.டிக்குத் தெரிகிறது. ஜி.பி.எஸ். மூலம் கூகுளுக்கும் அது தெரியும். ஆனால் என் பிரதேசத்தின் லேட்டஸ்ட் செய்தியை மிகுந்த புத்திக்கூர்மையுடன் பரிசீலிக்க சாட்- ஜி.பி.டிக்குத் தெரிகிறதே! கண்டிப்பாக நாம் கொண்டாடத்தான் வேண்டும்.

சாட்- ஜி.பி.டி. யை கண்டுபிடித்து உலகிற்கு வழங்கியது ஓபன் – ஏ.ஐ. எனும் நிறுவனம் – அதாவது திறந்தநிலை செயற்கை நுண்ணறிவு என்று பெயரிடப்பட்ட நிறுவனம். இதன் பின்னே இருப்பவர் எலான் மஸ்க். அவரோடு சாம் அல்ட்மன் என்பாரும் சேர்ந்தே ஓபன்- ஏ.ஐ. கணினி நிறுவனத்தை நடத்தி வருகிறார்கள். தொடங்கப்பட்ட ஆண்டு 2015. ஏற்கெனவே இந்த நிறுவனம் 2020ல் இன்ஸ்ட்ரக்ட் ஜி.பி.டி. என்கிற ஒன்றை அறிமுகம் செய்தது. அதன் மேம்படுத்தப்பட்ட வடிவம்தான் சாட்-ஜி-பி.டி. என்பது.

ஜி.பி.டி. என்பது ஜெனரேட்டிவ் பிரீடிரெய்னிங் டிரான்ஸ் பார்மர் (Generaytive Pretraiining Transformer) எனும் செயற்கை நுண்ணறிவு செயலாக்கம் ஆகும். அதாவது முன்பதிவான தரவுகள் அடிப்படையில் அலசி ஆராய்ந்து தரவேண்டிய ஒரு முடிவை எடுத்தல். இது ஒரு அரட்டை வகை மெய்நிகர் ரோபோட். ஒரு சக மனிதனிடம் தலை வலிக்கிறது என்று சொன்னால் என்ன மாதிரி பதிலளிப்பாரோ அதேபோல – ஓர் மனிதனைப்போலவே அது பதில் சொல்கிறது என்பது உண்மைதான். தற்போதைக்கு அதன் அதிர்ச்சி அலைகளின் பரவசங்கள் – கூகுள்

காலத்தில்கூட இல்லாத அங்கீகாரத்தை அதற்கு வழங்கி இருப்பதற்கு முக்கிய காரணம் ஒன்று உண்டு.

கணினி மென்பொருள் சிமிக்கை (Coading) விஷயத்தில் சாட்ஜி-பி.டி அதிசயச் சுரங்கம். புரோகிராம் எழுதும் திறன் கொண்ட ஓர் அதீத வல்லுனர்போல அது மென்பொருள் ஆட்களுக்கு திறம்பட பணி செய்கிறது. பாதி கோடிங் கொடுத்தால்கூட மீதியை, தானே இட்டு நிரப்பி இறுதி வடிவத்தை தந்துவிடுவதைப் பார்த்து ஐ.டி. உலகமே அச்சத்தில் உள்ளது என்பது உண்மைதான். ஒரு காலத்தில் 1950களில் நம் கல்கத்தாவில் வங்கிப் பணி செய்ய முதல் கணினி அறிமுகம் ஆனபோது – எத்தனை பேருக்கு வேலைபோய் விடுமோ என்று கேட்ட அதே அலறலை நாம் இப்போது ஐ.டி. உலகிலிருந்து கேட்கிறோம்.

செயற்கை நுண்ணறிவை பயன்படுத்தும் இந்த மெய்நிகர் ரோபோட் முழுதும் உரையாடல் (Text) அடிப்படையிலானது. சாட்.ஜி.பி.டியால் ஏராளமான தரவுகளை சேமித்து வைத்துக்கொள்ள முடியும். ஏற்கெனவே சேமித்த தனது வாக்கியங்களின் வழியே கண நேரத் தேடலை செலுத்தி புரிந்துகொள்ளும் ஒரு புதிய அல்காரிதத்தைப் பயன்படுத்தி அது நம் கேள்விகளுக்கு பதில் சொல்கிறது. ஒருவேளை பதில் தவறு என்று நாம் பதிவிட்டால் மன்னிப்புக் கேட்கிறது. எது சரியான பதில் என்று நம்மிடமே கேட்டுப் பெறுகிறது. சாட்-ஜி.பி.டி அற்புதம் இந்த விஷயத்தில்தான் அடங்கி இருக்கிறது. இது ஒரு சுய – கற்றல் மேம்படுத்துதல் ரோபோட். பயனர்கள் தரும் கேள்விகளில் இருந்து அது தானாகவே கற்றுக்கொள்கிறது.

ஆனால் சில பிரச்சினைகள் உள்ளன. ஆங்கிலத்தைத் தவிர தமிழ் போன்ற நுணுக்கமான மொழிகளில் அது பதில் தரும்போது வாக்கிய அமைப்புகளில் தவறுகள் உள்ளன. தற்போதைக்கு சாட்-ஜி.பி.டி., எதற்கெல்லாம் அதிர்ச்சி தரப்போகிறது என்று பார்ப்போம். அது சரியான அனுமானம் (Hypothesis) தரப்பட்டால் ஓரளவு தெளிவுடன் முழு ஆய்வு - அறிக்கையை (Thesis) வழங்கி முனைவர் பட்டம் பெறுபவருக்கு 'உதவி' விடக்கூடும். சாதாரண பள்ளிக்கூட மாணவர் பாடப்பணி (Assignment) முதல் கல்லூரி பல்கலைக்கழகத் தேர்வுவரை - எல்லாமே அதனால் முடியும்!!. தற்போதைக்கு அமெரிக்காவும் கனடாவும் கல்வித்துறையில் சாட். ஜி.பி.டியை தடைசெய்து விட்டன. இந்தியாவில் சென்னை ஐ.ஐ.டி. உட்பட சில கல்வி நிறுவனங்கள் விழித்துக்கொண்டிருப்பது தெரிகிறது. கவிதை எழுதுகிறது. கதை புனைகிறது. அறிவியல் கட்டுரை எழுதுகிறது. எல்லாம் சரிதான். ஆனால் சாட்ஜி-பி.டி. சுய- படைப்பாக்க வகையை இன்னும் அடையவில்லை. அது தற்போது செய்வது பெரும்பாலும் கருத்துத் திருட்டு. கூகுளுக்கும் அதற்குமான அடிப்படை வேற்றுமை இங்குதான் உள்ளது. கூகுள் போன்ற இணையத்தேடலின் மின் பொறி உங்களுக்கு எதைக் கொடுத்தாலும் அதன் உரிமம் அதைப் படைத்தவர் சார்ந்ததே. ஆனால் சாட் - ஜி.பி.டி., எல்லாவற்றையும் 'தன்னுடைய' தாக்கி விடுவது பெரிய சர்ச்சையை கிளப்பி உள்ளது.

எது எப்படியோ சாட் - ஜி.பி.டி., ஜெயகாந்தன்போல நாவல் எழுதுமா? சத்யஜித்ரே போல படம் தருமா அல்லது ஐன்ஸ்டீன்போல $E = mc^2$ வழங்குமா என்று ஆரூடம் சொல்வதெல்லாம் அபத்தம். பிறகு ஏன்

பரபரப்பாப் பேசப்படுகிறது? வேறொன்றுமில்லை. பில்கேட்ஸ்வாதிகளாகவும் ஸ்டீவ் ஜாப் வாதிகளாகவும் இருக்கும் ஐ.டி., உலகை சாட்- ஜி.பி.டி எலான் மஸ்க் வாதிகளாக்கப் போகிறது என்பதே இறுதிச் செய்தி. மற்றப்படி சாட்- ஜி.பி.டி.யின் வேலையும் மனிதனுக்கு பணிசெய்து கிடப்பதே.

●●●●●●●●●●●●●●●●●●●

எதனால் $E = MC^2$?

போஸ் – ஐன்ஸ்டீன் செறிவொடுக்கம்

போஸ்- ஐன்ஸ்டீன் கண்டன்சேட் (BEC) எனும் குவாண்ட நிலையத்திற்கு வயது 100. 1924ல் திடப்பொருள், திரவப்பொருள், வாயுப்பொருள் கடந்து போஸ் ஐன்ஸ்டீன் செறிவொடுக்கம் எனும் ஐந்தாம் நிலையை பிளாஸ்மா எனும் நான்காம் நிலை கடந்து அவர்கள் அறிவித்தார்கள். ஆல்பர்ட் ஐன்ஸ்டீனும் நம் சத்யேந்திரநாத் போசும் இது நூறாவது ஆண்டு, 70 வருடங்கள் கழித்து 1995ல் கார்னெல், வெய்மென், கெட்டர்லே ஆகியோர் தனித்தனியே போஸ்- ஐன்ஸ்டீன் செறிவொடுக்கம் இருப்பது உண்மைதான் என்று நிருபித்து 2001ல் நோபல் பரிசு பெற்றனர். சத்யேந்திரநாத் போசுக்கு நோபல் மறுக்கப்பட்ட 100 -வது வருடமும் இதுதான். எனவே 2024 தேர்தல் ஆண்டு மட்டுமே அல்ல.

அதுசரி, போஸ் ஐன்ஸ்டீன் செறிவொடுக்கம் எனும் பருப்பொருளின் ஐந்தாம் நிலை எப்போது எட்டப்படுகிறது. திடப்பொருளை சூடேற்றிட திரவம் ஆகும், அதை சூடேற்றினால் வாயுநிலை எனும் ஆவியாதல் நடக்கும் என்றால் செறிவொடுக்கம் எனும் நிலை எப்போது சாத்தியம்? போஸ் செறிபொருட்கள் (அதாவது போசான் போன்றவை) உள்ள அணுக்களின் டீ பிராக்ளி (de Broglie) அலைநீளம் சராசரி அணுஇடை தொலைவிற்கு சமமாக இருந்தால் எல்லா அணுக்களும் ஒற்றைத் தன்மை குவாண்ட நிலையை அடைகின்றன. இதுதான் போஸ்- ஐன்ஸ்டீன் செறிவொடுக்கம்.

ஃபோட்டான் வேகத்தை அளவிட இது உதவுகிறது. அணுலேசர்களை இன்று இந்த நிலைகொண்டே உருவாக்குகிறார்கள். $E = MC^2$ என்பதை அறிந்திட இன்று போஸ்-ஐன்ஸ்டீன் செறிவொடுக்கம் பயன்படுகிறது. எதனால் $E = MC^2$ என்பதற்கு நான் ஒரு புத்தகம் ஆங்கிலத்தில் வாசித்தேன். திருவாளர் (ஜேம்ஸ்) பாண்டு பலவகை வடைகளைச் சுட்ட தேர்தல் பிரச்சார நாட்களை பதட்டமின்றி கழிக்க இந்த அற்புத நூல் உதவியது.

நூலின் தலைப்பே why '$E = MC^2$' தான்! அறிவியல் வரலாற்றின்மேல் குறைந்தபட்ச அக்கறை உள்ள ஓர் அரசாங்கமாக ஒன்றிய அரசு கிடைத்திருந்தால் போஸ்-ஐன்ஸ்டீன் செறிவொடுக்க நூற்றாண்டுக்கு ஆதரவு பல்கிப் பெருகி இருக்கும். ஒரு கருத்தரங்கமாவது நடத்தி அசத்தி இருப்பார்கள்... (சரி... நூலுக்குள் செல்வோம்).

"ஏன் $E=mc^2$? (மேலும் நாம் ஏன் கவலைப்பட வேண்டும்?)" என்பது கோட்பாட்டு இயற்பியலாளர்களான பிரையன் காக்ஸ்? ஜெஃப் ஃபோர்ஷா ஆகியோரால் எழுதப்பட்ட 2009இல் வெளியிடப்பட்ட புத்தகம். ஐன்ஸ்டீனின் சிக்கலான சார்பியல் கோட்பாடுகளை சுருக்கமாக 250 பக்கத் தொகுதியாக துகள் இயற்பியலைத் தொட்ட நூல் ஆசிரியர்கள் வெற்றிகரமாக விவரிக்கின்றனர். ஐன்ஸ்டீனின் அற்புதமான கோட்பாடுகளை உருவாக்கும் பயணத்துடன் புத்தகம் தொடங்குகிறது. அவர் அடிப்படைக் கொள்கைகளைப்பற்றி ஆழமாகச் சிந்தித்தார். அதி சிக்கலான இடியாப்பச் சிக்கல்களுக்கு நேர்த்தியான தீர்வுகளைப் பெற கணிதத்தைப் பயன்படுத்தினார்.

பிரபஞ்சத்தைப்பற்றிய கணித நுண்ணறிவு

கணிதம் என்பது ஐன்ஸ்டீன் மற்றும் அவரது சகாக்களின் (போஸ் உட்பட) மொழியாகும், இதன்மூலம் அவர்கள் பிரபஞ்சம் பின்பற்றும் சட்டங்களைக் கண்டறிய முயன்றனர். பித்தகோரிஸின் தேற்றத்தின் உதவியுடன், ஒளியின் வேகத்திற்கு அருகில் உள்ள கால விரிவாக்கத்தைக் கணக்கிட முடிந்தது. பித்தகோரஸின் தேற்றம், அங்குலங்கள், அடி போன்ற தூரங்களைக் கையாள்கிறது. ஐன்ஸ்டீன் அதை உந்தம் மற்றும் ஆற்றலுடன் தொடர்புபடுத்தி நீட்டித்தார். உந்தம் மற்றும் ஆற்றல் ஆகியவை தூரத்துடன் இணைக்கப்பட்டிருந்தால், கணிதத்தின் மூலம், அவை பித்தகோரஸின் தேற்றம் போன்ற பகுதிகளாக கருதப்படலாம். ஐன்ஸ்டீன் தனது பொதுவான சார்பியல் கோட்பாட்டை 1915இல் உருவாக்கினார். மேலும் இது ஈர்ப்பு விசையின் விளக்கத்திற்கு அடித்தளமாக அமைந்தது. சார்பியல் கோட்பாட்டின்படி, பொருள் (அல்லது ஆற்றல்) விண்வெளிக் காலத்தின் கட்டமைப்பில் சிதைவை ஏற்படுத்துகிறது. இவ்வாறு, ஐன்ஸ்டீனின் புவியீர்ப்பு கோட்பாடு பிரபஞ்சத்தை மறுமதிப்பீடு செய்தது. பிரபஞ்சம் ஸ்பேஸ்டைமில் பொதிந்துள்ள வளைந்த பாதைகளில் பொருள் நகர்வதையும் இது குறிக்கிறது. அமெரிக்க தத்துவார்த்த இயற்பியலாளர் ஜான் ஆர்க்கிபால்ட் வீலரின் வார்த்தைகளில், ஸ்பேஸ்டைம் நிறையை இறுக்கிப் பிடிக்கிறது. அதை எப்படி நகர்த்துவது என்று சொல்கிறது. நிறை 'ஸ்பேஸ்டைமை, இறுக்கிப் பிடித்து அதை எப்படி வளைப்பது என்றும் சொல்கிறது. 1919 சூரிய கிரகணம். முதல் சமீபத்திய ஈர்ப்பு அலை அவதானிப்புகள் வரை பல சோதனைகள் செய்யப்பட்டன. யாவுமே ஐன்ஸ்டீனின்

பொது சார்பியல் கோட்பாட்டை ஆதரிக்கின்றன' ஊர்ஜிதப்படுத்துகின்றன.

ஐன்ஸ்டீனின் ஸ்பேஸ்டைம் மற்றும் டைம் டைலேஷன் (கால விரிவடைதல்)

இடமும் காலமும் இணைந்து ஸ்பேஸ்டைம் எனப்படும் ஓர் ஒருங்கிணைந்த உட்பொருளை உருவாக்குகின்றன. விண்வெளிக் காலத்தில் (அதாவது ஸ்பேஸ்டைமில்) நிலையான வேகத்தில் நகரும். ஒரு பொருள் விண்வெளியில் வேகமாக நகர்ந்தால், நிலையான ஒருங்கிணைந்த இயக்கத்தைப் பராமரிக்க அது மெதுவாக நகரும். எல்லாவற்றிற்கும் மேலாக, இடம் மற்றும் காலம் ஆகிய இரண்டிலும் இயக்கத்தின் ஒருங்கிணைந்த விளைவு எப்போதும் ஒரு மாறிலி. இந்தக் கருத்து லொரண்ட்ஸ் (Lorentz) காரணியைப் பயன்படுத்தி கணிதரீதியில் நிரூபிக்கப்பட்டுள்ளது. ஒளியின் வேகத்திற்கு அருகில் உள்ள பொருட்களைப்போலவே மிக வேகமாக நகரும்போது காலம், நீளம், பிற விஷயங்கள் எவ்வாறு பாதிக்கப்படுகின்றன என்பதைக் கண்டறிய இது நமக்கு உதவுகிறது. சுவாரஸ்யமாக, ஒளியின் வேகத்தில் பயணிக்கும் ஃபோட்டானுக்கு, நேரம் கடக்காது! ஃபோட்டானின் பார்வையில், ஒரு புள்ளியில் இருந்து மற்றொரு இடத்திற்கு அதன் பயணம் உடனடியானது. ஃபோட்டானுக்காக காலம் நிற்கிறது. மறுபுறம், ஓய்வில் இருக்கும் பொருளுக்கு, காலம் சாதாரண விகிதத்தில் செல்கிறது.

ஐன்ஸ்டீனின் கோட்பாடு மற்றும் நீளச் சுருக்கம்

பிரபஞ்சத்தில் ஒளியின் வேகம் நிலையானது. இருப்பினும், ஒளியின் வேகத்தைப் போலல்லாமல்,

காலம் மற்றும் வெளி இரண்டும் நிலையானவை அல்ல, அவை இயக்கத்தால் பாதிக்கப்படுபவை. பொருள்கள் ஒன்றுக்கொன்று அதிக வேகத்தில் நகரும்போது, இது போன்ற விளைவுகள் ஏற்படலாம்:

1. காலம் விரிவடைதல்
2. காலம் மிகவும் மெதுவாக நகர்தல்
3. நீளச் சுருக்கம் - இயக்கத்தின் திசையில் பொருள்களின் சுருக்கம். நாம் அன்றாட வாழ்வில் கால விரிவாக்கத்தை நாம் காண்பது இல்லை. ஆனால் ஒளியின் வேகத்தை நாம் அணுக நேர்ந்தால், சார்பியல் விளைவுகள் மிகவும் வேறுபட்டவை. விண்வெளியில் பயணம் செய்யும்போது ஒளியின் வேகத்தைத் தொட்டால், “காலத்தை மிச்சப்படுத்த முடியும்” என்ற கோட்பாட்டு நிகழ்தகவை இந்த யோசனை உருவாக்குகிறது. இருப்பினும், அதே காலம் நம்மைப் பொறுத்தவரை அப்போது ஓய்வில் இருக்கும் பார்வையாளர்களுக்கு அது நீண்ட காலமாகத் தோன்றலாம் (உதாரணமாக, ஐன்ஸ்டீன் இரட்டையர் விவரிப்பில் இண்டர்ஸ்டெல்லரில் கூப்பர் வளரவில்லை, மர்ஃப் வயது முதிர்ந்தார்).

ஒளியின் வேகம், காலமின்மை மற்றும் காலத்தில் ஒருமுக அம்புப் பாதை:

ஒளியின் வேகத்தை எட்டும்போது, விண்வெளி ஒன்றுமில்லாமல் சுருங்குகிறது. எனவே, ஒளியின் வேகத்தை எதனாலும் மீற முடியாது. ஒரு ஃபோட்டான், ஒளியின் வேகத்தில் பயணிக்கும் போது, அது காலத்தை அனுபவிப்பதில்லை. காலம் இல்லாமல் பிரபஞ்சம் இல்லை. எனவே, அது ஒரு “பரிமாணமற்ற பிரபஞ்சத்தில்” பயணிக்கிறது. ஃபோட்டான் (ஒளியின் வேகத்தில் பயணிக்கும்)

நேரத்தை அனுபவிக்கவில்லை என்றால், பின்னர் அதற்கு வயதாகாது. ஒளியின் வேகத்தில் பயணிக்கும் அந்த ஒற்றைத் தருணத்தில் அதன் முழு இருப்பும் சுருக்கப்படுகிறது. முழு கருத்தும் நேர்கோட்டுத் திசையில் உள்ளது. அதாவது, காலம் முன்னோக்கி நகரலாம். ஆனால் பின்னோக்கிச் செல்ல முடியாது. நிகழ்காலத்திலிருந்து கடந்த காலத்திற்குச் செல்லும் காலத்தை சிறப்பு சார்பியல் ஆதரிக்கவில்லை. இப்போதுவரை, இந்த விஷயம் இன்னும் கோட்பாட்டு ஊகத்தின் கீழ் உள்ளது.

அணுக்கள், நட்சத்திரங்கள் மற்றும் தனிமங்களின் தோற்றம்

இயற்கையைப் புரிந்துகொள்வதற்கு, அணுக்களைப் புரிந்துகொள்வது தொடக்கப்புள்ளியாக இருக்கவேண்டும் என்று நூல் ஆசிரியர்கள் பரிந்துரைக்கின்றனர். ஏனெனில், அணுக்கள் பருப்பொருள் அறிவியலின் கட்டுமானத் தொகுதிகளாக அமைகின்றன. மேலும், ஆற்றல் இல்லாமல் அணுக்கள் இல்லை. எனவே, அடுத்த தெளிவான கேள்வி வருகிறது, பிரபஞ்சம் எங்கிருந்து நமது கிரகத்தையும் நமது உடலையும் உருவாக்கும் கூறுகளைப் பெறுகிறது? பதில் - நட்சத்திரங்கள்! நட்சத்திரங்கள் இந்தக் கூறுகளை உருவாக்குவது மட்டுமல்லாமல், அவற்றை சிதறடிக்கும். எனவே, நட்சத்திரங்களைப்பற்றி மேலும் அறிந்துகொள்வது - அவற்றின் பரிணாமம் மற்றும் இறுதியில் வெடிப்பு - தனிமங்களின் தோற்றத்தைக் கண்டறிய நமக்கு போஸ் ஐன்ஸ்டீன் செறிவொடுக்கம் என்கிற ஐந்தாம் நிலை உதவுகிறது. கூடுதலாக, அதே அறிவைக்கொண்டு விண்மீன் திரள்கள், கோள்கள், நமக்குத் தெரிந்த உயிர்களின் உருவாக்கத்தையும் புரிந்துகொள்ள முடியும். நமது சூரியன் உட்பட

நட்சத்திரங்கள் அணுக்கரு இணைவு மூலம் மிகப்பெரிய அளவிலான ஆற்றலை உற்பத்தி செய்கின்றன. இந்த ஆற்றல்தான் அதைச் சுற்றி வரும் கிரகங்களுக்கு ஒளி மற்றும் வெப்பத்தின் மூலமாகும். இது பூமியில் உயிர்களை நிலைநிறுத்தும் ஆற்றல் மூலமாகும்.

நிறை, ஆற்றல் மற்றும் ஹிக்ஸ் புலம்:

நிறை என்பது ஒரு பருப்பொருளின் அல்லது "பொருட்களின்" அளவீடு மட்டுமல்ல, ஐன்ஸ்டீனின் சமன்பாட்டின் மூலம், நிறை என்பது பொருளுக்குள் சேமிக்கப்படும் "மறைந்த ஆற்றலின்" அளவீடும்தான் என்று நாம் முடிவு செய்யலாம். "... மறைந்திருக்கும் ஆற்றல் மீளமுடியாமல் நிறை என்ற கருத்துடன் பின்னிப் பிணைந்துள்ளது" (பக்147). புத்தகத்தில், நூல் ஆசிரியர்கள் ஹிக்ஸ் போஸான் மற்றும் ஹிக்ஸ் புலம் ஆகியவை பிரபஞ்சத்தின் நிறையை புரிந்துகொள்வதில் மையமாக உள்ளன என்கின்றனர், ஹிக்ஸ் புலம் என்பது விண்வெளி முழுவதும் ஊடுருவிச் செல்லும் ஆற்றல் துறையாகும். இந்தப் புலத்துடன் தொடர்புகொள்ளும்போது துகள்கள் நிறையைப் பெறுகின்றன. அவற்றின் தொடர்புகளின் அளவு, அவற்றின் வெகுஜனத்தை தீர்மானிக்கிறது. உதாரணமாக, ஹிக்ஸ் புலத்துடன் மிகவும் வலுவாக தொடர்புகொள்ளும் துகள்கள் அதிக நிறை பெறுகின்றன. மறுபுறம், குறைவாக தொடர்பு கொள்பவை குறைந்த நிறை பெறுகின்றன.

நிறை ஏன் மிகவும் முக்கியமானது?

நிறை முக்கியமானது, ஏனெனில் புவியீர்ப்பு போன்ற விசைகளுக்கு துகள்கள் எவ்வாறு இணங்குகின்றன என்பதை நிறைதான் தீர்மானிக்கிறது.

நிறை கொண்ட துகள்கள் ஈர்ப்பு விசையால் பாதிக்கப்படுகின்றன., ஃபோட்டான்கள் போன்ற நிறை இல்லாத துகள்களை ஈர்ப்புவிசை பாதிக்காது. ஈர்ப்புவிசையின் காரணமாக நிறை கொண்ட தனிமங்கள் ஒன்றுசேர்ந்து நட்சத்திரங்கள், கோள்கள், விண்மீன் திரள்கள் உள்ளிட்ட கட்டமைப்புகளை உருவாக்குகின்றன. ஆரம்பகால பிரபஞ்சத்தில், துகள்கள் நிறை இல்லாமல் இருந்தன. இந்த நிகழ்வு தொடர்ந்திருந்தால், துகள்கள் ஒன்றிணைந்து இன்று நாம் கவனிக்கும் கட்டமைப்புகளை உருவாக்குவது சாத்தியமில்லை. பிரபஞ்சத்தில் உள்ள அடிப்படை நிறையற்ற மற்றும் பிரித்தறிய முடியாத சமச்சீர்நிலை ஹிக்ஸ் புலத்தால் உடைக்கப்பட்டது. இதன் விளைவாக, துகள்கள் நிறையைப்பெற்று தனித்தனியாக மாறியது. ஹிக்ஸ் பொறிமுறையின் காரணமாக சமச்சீரின் முறிவு மற்றும் நிறையைப் பெறுதல் ஆகியவை பொருளை ஒன்றிணைத்து விண்மீன் திரள்கள், நட்சத்திரங்கள், கிரகங்கள், இறுதியில் உயிர்களையும் உருவாக்க அனுமதித்தன. ஹிக்ஸ் போசானின் கண்டுபிடிப்பில் பெரிய ஹாட்ரான் மோதல் (LHC) பற்றியும் புத்தகம் பேசுகிறது. சுவிட்சர்லாந்தில் CERNஇல் அமைந்துள்ள LHC ஆனது உலகின் மிகப்பெரிய மற்றும் சக்திவாய்ந்த துகள் முடுக்கி என்பது நாம் அறிவோம்.

இறுதியாக

நமக்குப் புரிந்தவரை, புத்தகம் நன்றாகத் தொடங்கியது. விண்வெளி, காலம், ஒளியின் வேகம் மற்றும் சிறப்பு சார்பியல் கோட்பாடு பற்றிய கருத்துக்களை என்னால் புரிந்துகொள்ள முடிந்தது. இருப்பினும், ஸ்பேஸ்டைம் மொமெண்டம் வெக்டார்களின் பகுதிக்குள் நுழையும்போது அது

ஒரு திடீர்த் திருப்பத்தை எடுக்கிறது. இந்த "வெக்டர்கள்" காரணமாக எனது பள்ளி, கல்லூரிப் படிப்பில் இருந்து விலகி நீண்ட காலமாக புதைந்து கிடக்கும் இயற்பியல் அறிவுக்காக நான் தலையை சொறிந்து கொள்ள வேண்டியிருந்தது. விஞ்ஞானக் குறியீடுபற்றிய விளக்கங்களும் எனது வேகத்தைத் தடுத்தன. சிக்கலான கருத்துகளை பரந்த அளவிலான வாசகர்களுக்கு எடுத்துச்செல்வது அறிவியலில் எளிதான காரியம் அல்ல என்பதை நான் புரிந்துகொள்கிறேன். எனவே, அறிவியல் புத்தகங்கள் சிரமம் மற்றும் வேகத்தில் வேறுபடுவது மிகவும் இயல்பானது. இவை எல்லாவற்றிற்கும் மேலாக, "ஏன் $E=mc^2$?" ஒரு சுவாரஸ்யமான புத்தகம். இது எனது புரிதல்மீது சவால் ஏற்படுத்தி எனது அறிவுத் தளத்தை விரிவுபடுத்தியது. போஸ் - ஐன்ஸ்டீன் குறித்து என் ஆர்வத்தைத் தூண்டியது. கூடுதல் தகவல்களை உள்வாங்குவதற்கும் கருத்துகளைப்பற்றிய ஆழமான புரிதலைப் பெறுவதற்கும் நான் நிச்சயமாக எப்போதாவது இதை மீண்டும் வாசிப்பேன். நீங்கள் சிக்கலான சார்பியல் கோட்பாடுகளில் மூழ்க விரும்புபவராக இருந்தால், தொடங்குவதற்கு இது ஒரு நல்ல புத்தகம் என்று சான்றளிக்கிறேன்.

போஸ்- ஐன்ஸ்டீன் ஒன்றிணைந்த நூற்றாண்டில் இதை வாசிப்பது நன்று. அதைவிட அறிவியல் வளர்ச்சிக்கு ஆதரவானவர்களுக்கு வாக்களித்தும் போஸ்-ஐன்ஸ்டீன் நூற்றாண்டை நாம் கொண்டாடலாம்.

●●●●●●●●●●●●●

பேரழிவை நோக்கி இந்திய அறிவியல்

கொடிக்கட்டிப் பறந்த இந்திய அறிவியல்

இருபதாம் நூற்றாண்டில் இந்திய அறிவியல் கொடிகட்டிப் பறந்தது என்பதே உண்மை. பிரித்தானிய ஆக்கிரமிப்பாளர்கள் கொடுத்த பல சோதனைகளை மீறி சி.வி. ராமன், சத்யயேந்திரநாத் போஸ், மெகாநாத் சாஹா, பி.சி.ரே என்று பல பிரமாண்டங்கள் உருவாகின. விடுதலைக்குப்பிறகு விக்ரம் சாராபாய், ஹோமி பாபா, சாந்திஸ்வரூப் பட்னாகர் என்று இந்திய அறிவியல் எழுச்சியை மத்திய அரசின் நிதிப் பங்கிட்டோடு சாதித்த சந்ததி அடுத்தது. உணவு உற்பத்தி முதல் கடல் ஆய்வு, தட்பவெப்பவியல், தடயவியல், தோல் பதனிடும் அறிவியல், நோய்த் தடுப்பு மருந்தாளுதல், நவீன தொழில்நுட்பம், மகா கணினி யுகம், புள்ளியியல் செயற்கைக்கோள், அண்டார்டிகா பயணம் என்று அறிவியலின் அத்தனை பரிமாணங்களிலும் நட்சத்திரமாய் மின்னிய நடு நம் நாடு.

பிரிக்ஸ்– ஜி20 நாடுகளில் அறிவியல்

சமூகத்தை அறிவியல் மயம் ஆக்குவதன் அவசியத்தை புதுதில்லி ஜி-20 உச்சி மாநாட்டில் யுனெஸ்கோ பிரதிநிதி வலியுறுத்தியபோது அது பெரிய அளவில் வரவேற்கப்பட்டது. தொலைத்தொடர்பு, விண்வெளி ஆய்வு என்று மட்டுமே உள்ள அறிவியல் நிதி ஒதுக்கலை பரந்துபட்டு சுகாதாரம், விவசாயம், வாழ்க்கைத் தரமேம்பாடு குறித்த அறிவியல் துறைகளுக்கு ஒதுக்கிட ஒரு தீர்மானமே நிறைவேற்றப்பட்டது. ஆனால் ஜி-20 தலைமை பீடம் என்று மார்தட்டிய இந்திய அரசு அறிவியலுக்குச் செய்தது என்ன என்று பார்த்தால் அதிர்ச்சியே மிஞ்சுகிறது.

நம் ஒட்டுமொத்த உற்பத்தியில் (GDP) 0.64 சதவீதமாக ஆராய்ச்சிகளுக்கான நிதி ஒதுக்கீடு சுருங்கிவிட்டது. கடந்த சில ஆண்டுகளாகவே இந்திய வேளாண் ஆய்வு மையம் (ICAR), இந்திய தொழில் மற்றும் அறிவியல் ஆய்வு மையம் (CSIR), அறிவியல் தொழில்நுட்ப ஆய்வுத்துறை (DST), உயிரி தொழில்நுட்ப ஆய்வகம் (Dept of Bio Technology), இஞ்சி மருத்துவ ஆராய்ச்சி நிறுவனம் (ICMR) போன்ற அறிவியல் ஆய்வுத் துறைகளுக்கான நிதி உதவி பெரிய அளவில் குறைக்கப்பட்டுவிட்டது. இதனால் அர்ப்பணிப்பு மிக்க தரமான அறிவியல் ஆய்வாளர்களின் எண்ணிக்கை ஒரு லட்சம் பேருக்கு 255 பேர் என்று குறைந்துவிட்டது. இது 2001இல் உச்சபட்சமாக 1001 பேராக இருந்தது ஒருபுறம் இருக்கட்டும். ஜி 20 நாடுகளில் சீனாவில் ஒரு லட்சம் பேருக்கு 10,000 விஞ்ஞானிகளாகவும் ஆஸ்திரேலியாவில் 2000 பேராகவும் உள்ளதை நாம் கவனிக்கவேண்டும். பிரிக்ஸ் நாடுகள் கூட்டமைப்பில் இஸ்ரேலில் ஒரு லட்சம் பேருக்கு 8,342 பேரும், ஸ்வீடனில் 7597 பேரும், தென்கொரியாவில் 7498 பேரும் ஆய்வாளராக இருப்பதும் எதைக் காட்டுகிறது? பிரிக்ஸ் ஜி-20 போன்ற கூட்டமைப்புகளில் உள்ள நாடுகளிலேயே இந்தியாதான் அறிவியல் ஆய்வில் மோசமாக பின்தங்கி உள்ளது.

தேசிய ஆராய்ச்சி நிறுவனம் எங்கே?

புதிய கல்விக் கொள்கை (2020) முன்மொழியப்பட்ட போது இந்திய பல்கலைக்கழகங்களின் எண்ணிக்கை 752-லிருந்து 1016 ஆக உயர்ந்ததையும் இந்திய தொழில்நுட்பக் கல்வி நிறுவனங்கள் (ஐஐடி) 23 ஆக தரம் உயர்த்தப்பட்டதையும் கூறி மார் தட்டும் நாம் அறிவியல் ஆராய்ச்சி தரப்பட்டியலில் உலக அளவில் இந்திய பல்கலைக்கழகம் ஒன்றுகூட முதல் 300 இடங்களில் இடம்பெறவில்லை என்பதைக் கவனித்தோமா? ஏனெனில் ஆய்வு நிலையங்களின்

எண்ணிக்கை உயர்த்தப்பட்ட அளவிற்கு நிதி ஆதாரங்கள் உருவாக்கப்படவில்லை. புதிய கல்விக்கொள்கையை முன்வைத்த தேசிய ஆராய்ச்சி நிறுவனம் ஆனசுந்தன் தேசிய ஆய்வு முன்னெடுப்பு (ANRF) என்று பெயர் மாற்றம் பெற்று பிப்ரவரி 5ஆம் நாள் அதற்கு தேசிய அறிவியல் தொழில்நுட்பத் துறை செயலரேச் - தலைமை நிர்வாகியாக (CEO) நியமிக்கப்பட்டார். தேசிய அறிவியல் ஆலோசருக்கு கீழே ஒரு கவுன்சிலிடம் அதன் அதிகாரம் ஒப்படைக்கப்பட்டது. புதிய கல்விக் கொள்கையை அறிவித்த தேசிய ஆராய்ச்சி நிறுவனம் அரசுக்கு கட்டுப்படாத தன்னிச்சையான அதிகாரம் கொண்ட அறிவியல் கட்டமைப்பாக செயல்படும் என்ற உறுதிமொழி காற்றில் பறக்கவிடப்பட்டுள்ளது.

இன்று ஆய்வுக்காக முன்வைக்கப்படும் 100 செயல்திட்ட முன்மாதிரிகளில் ஏழுகூட ஆண்டு ஒன்றிற்கு நிதி வழங்க ஏற்கப்படுவதில்லை. தாங்களாகவே செலவு செய்துகொண்டால் பின்னால் நிதி வழங்க வாய்ப்புள்ளது என்றுதான் சான்று பெற முடிகிறது. இதற்கிடையே இந்த ஆண்டு நிதி அமைச்சர் ஆனசுந்தன் தேசிய ஆய்வு முன்னெடுப்பு கேட்ட 50000 கோடியில் 2000 கோடி ஒதுக்கி 36,000 கோடி தனியார் முதலீடாக பெறப்படும் என்று அதிர்ச்சி அறிவிப்பை வெளியிட்டார். மீதி 12,000 கோடியை அரசின் கடனாக பெற்றுக்கொண்டு குறைந்த வட்டி விகிதத்தில் ஆய்வின் வெற்றிக்குப் பிறகு செலுத்தலாம். அதற்கு கார்ப்பரேட்-ஆய்வக ஒன்றிணைவு ஏற்படுத்தப்படும் என்றும் அவர் அறிவித்திருக்கிறார்.

அழிவின் விளிம்பில் இந்திய அறிவியல்

பிரேசில், தென்னாப்பிரிக்கா போன்ற நம்மைவிட பின்தங்கிய நாடுகள் தன் ஒட்டுமொத்த உற்பத்தியில் அறிவியல் ஆய்விற்கு முறையே 1.2% சதவிகிதமும், 1.1 சதவிகிதமும் ஒதுக்குகின்றன. கண்டுபிடிப்பு இன்டெக்ஸில் 2019-ல் நம்நாடு 46,582 புதிய

கண்பிடிப்புகளுக்கு சர்வதேச உரிமம் கோரியதில் அயல்நாடு வாழ் இந்தியர் எண்ணிக்கையை எடுத்துவிட்டால் மிஞ்சுவது 14,906 தான். அதே ஆண்டில் அமெரிக்கா 6 லட்சம், சீனா 4.58 லட்சம், சுவிட்சர்லாந்து 1.7 லட்சம், நெதர்லாந்து 1.38 லட்சம் கண்டுபிடிப்பு சர்வதேச உரிமங்களுக்கு பதிவுசெய்தது வரலாறு. அறிவியல் ஆராய்ச்சி தனியார் மயமாகும் சூழலில் ஒருகாலத்தில் கொடிகட்டிப் பறந்த இந்திய அறிவியலின் இருண்ட காலம் தொடங்கிவிட்டதா என்று அஞ்சத்தோன்றுகிறது.

ஆண்டுதோறும் நடத்தப்பட்ட இந்திய அறிவியல் மாநாட்டை முடக்கி, இந்திய வேளாண்மை ஆராய்ச்சி நிறுவன நிதியையும் நிறுத்தி அவற்றின் முக்கிய பங்களிப்பாளரான டாக்டர். எம்.எஸ். சுவாமிநாதனுக்கு பாரத ரத்னா வழங்குவது இந்த ஆண்டில் மிகப்பெரிய நகைமுரண் ஆகும். எது எப்படியோ நம் நாட்டின் இளைஞர் நம் நாட்டின் ஆய்வகம் ஒன்றில் நிகழ்த்தப்பட்ட திருப்புமுனை அறிவியல் கண்டுபிடிப்பு ஒன்றிற்காக நோபல் பரிசு பெறுவார் என்று எதிர்பார்ப்பது இனி முற்றிலும் சாத்தியமற்ற கானல்நீர் கனவாகும்படி அழிவின் விளிம்பிற்கு தள்ளப்பட்டுள்ளது இந்திய அறிவியல். வரலாற்றுச் சிறப்புமிக்க இந்திய அறிவியல் எனும் பிரமாண்டத்தை சிதைத்து தலை குனிவை ஏற்படுத்துவது என்பது வருங்காலச் சந்ததிகளுக்கு நாம் செய்யும் மிகப்பெரிய துரோகம் ஆகும்.

••••••••••

கிராண்ட் மாஸ்டர் குகேஷும் குவாண்டம் செஸ் ஆட்டமும்

கனடாவில் நடந்த கேண்டிடேட்ஸ் செஸ் உலக சாம்பியன் தொடரில் நம் தமிழகத்தின் இளம் கிராண்ட் மாஸ்டர் (17 வயது) தோம்மராஜு குகேஷ் சாம்பியன் பட்டத்தை வென்று உலகின் கவனத்தை ஈர்த்து அசத்தி இருக்கிறார். உலகின் நம்பர் (2) ஃபாபியானோ அல்லது நம்பர் (3) நிக்காரு நகமுரா ஆகியோர் சாம்பியன் பட்டத்தைப் பெற அதிக எதிர்பார்ப்பு இருந்த நிலையில் சிறுவன் குகேஷ் எதிர்பாரா திசையில் இருந்து வந்து அனைவரையும் ஆச்சரியப்பட வைத்திருக்கிறார். இனி உலகின் நம்பர் (1) இடத்திற்காக சீனாவின் டிங் லிரேனை குகேஷ் எதிர்கொள்வார் என்று அறிவித்திருக்கிறார்கள். இந்தக் குட்டி ஆச்சரியம் எனக்கு குவாண்டம் செஸ் பற்றிய ஷோர்டிங்கரின் புத்தகத்தை நினைவுபடுத்தியது.

அது என்ன குவாண்டம் செஸ்? காஸ்பரோவ், ஆனந்த் என யாவரையும் முந்திக்கொண்டு அதி இளம் வயது சாம்பியனாக சாதனை படைத்திருக்கும் குகேஷ் குவாண்டம் செஸ் ஆட முடியுமா? முதலில் குவாண்டம் செஸ் ஏன் விளையாட வேண்டும்? இரண்டு நோக்கங்கள்... ஒன்று குவாண்டம் கணினியை புரிந்துகொள்ளுதல், இரண்டாவது நோக்கம் குவாண்டம் உயிரியிலை கண்டடைதல். குவாண்டம் உலக அடிப்படை விதிகளை செஸ்-போர்டை வைத்து விவரிக்க முயல்வது குவாண்டம் செஸ்.

பழங்கால சட்டவிதிகள்படியே குகேஷ் குவாண்டம் செஸ் விளையாடலாம் என்றாலும் சில காய்களை நகர்த்தும் புதிய விழிப்பாதைகளால் குவாண்டம் செஸ் தனித்து சிறப்பு பெறுகிறது. குவாண்டம் இயந்திரவியலில் அணுவின் உட்துகள்கள் நாம் பார்க்கும்- அதாவது

வெறும் கண்ணால் பார்க்கும்- பெரிய (மேக்ரோ) உலகப் பொருட்கள்போல நடந்துகொள்வது கிடையாது. அந்தக் குட்டி (மைக்ரோ) உலகில் ஒரு துகள் எந்த நிலையில் உள்ளதோ அதை நோக்கர் பார்க்கும்போதே நிலைமாறி விடுகிறது. எனவே இந்த உலகில் துகள் உண்மையில் எந்த நிலையில் உள்ளதென்று நாம் தலையிட்டால் ஒழிய அறியமுடியாது. அதாவது தலையீடு- நோக்குதல் என்பது ஒருவகை அளத்தல் ஆகும். ஒரு துகள் இரு வேறு உலகில் ஒரே நேரத்தில் இருக்கமுடியும் என்பது நான்கு அடிப்படை குவாண்ட விதிகளில் ஒன்று.

இதன்படி குவாண்டம் செஸ்போர்டில் உள்ள காய்கள் சாதாரண செஸ்போர்டில் உள்ள காய்களைப்போல நடந்துகொள்ளாது, ஒரே சமயத்தில் அவை இரு கட்டங்களில் இருக்கலாம். அதுமட்டுமல்ல, ராணி, ராஜா, சேவகன்... ஏன் யானைகூட ஒரே சமயத்தில் அருகருகே உள்ள... இரு செஸ் அட்டைகளில்கூட தோன்றலாம்! இந்த மல்டி யுனிவர்ஸ் செஸ் ஆட்டத்தை முதலில் புரிந்துகொண்டவர், அறிமுகம் செய்தவர் செலிம் அகில். இவர் குவீன்ஸ் குவாண்டம் கணினியியல் கல்வியகப் பேராசிரியர். இந்த நிறுவனம் (குகேஷ் வென்ற) அதே கனடாவில்தான் உள்ளது.

அடிப்படை குவாண்ட கணினி இயல் சிக்கல் இதுதான். ஒரு இஞ்ச் இடைவெளியில் எத்தனை மைக்ரோ சிப்களை உள்ளடக்கலாம் எனும் மூர்ஸ் விதி ஏறக்குறைய தன் எல்லையை அடைந்துவிட்டது. அடுத்த படிநிலை ரிச்சர்டு ஃபைன்மேன் மிகப்பிரபலமான ஒரு கேள்வியில் இருந்து தொடங்குகிறது. எந்த அளவிற்கு சிறிதாக உங்களால் ஒரு கணினியை வடிவமைக்க முடியும்? (How small can you make a computer). நேனோ தொழில்நுட்பம் எனும் சொல்லை அறிமுகம் செய்து 1965ல் தனது குவாண்ட மின் இயந்திரவியல் கோட்பாட்டிற்காக (QED) நோபல் பரிசு பெற்றவர் அவர்.

சார்பியல் குவாண்டம் புலக்கோட்பாடு எனும் QED நமக்கு ஒளியும் பொருளும் ஒன்றையொன்று எப்படி தொடர்பு கொள்கின்றன என்பதை விவரித்து குவாண்ட இயக்கவியலை சிறப்பு சார்பியலோடு இணைத்த பிரமாண்டமாகும். ஐன்ஸ்டீன், பால்டைராக், வொல்ப்காங் பாலி, எர்னிக்கோ பெர்மி, ஷோர்டிங்கர் வழியே அது ரிச்சார்டு ஃபைன்மெனை அடைந்தது. ஆக்லாந்து பல்கலைக்கழகத்தில் 1979ல் QED பற்றிய ரிச்சார்டு ஃபைன்மெனின் அறிவியல் உரைகள் இன்றும் தலைசிறந்த பொக்கிஷமாக பேணப்படுகின்றன.

அவரது கூற்றுப்படி குவாண்டம் புலக்கோட்பாடு ஈர்ப்பு விசை தவிர பிரபஞ்சத்தின் அனைத்து அம்சங்களையும் புரிந்துகொள்ள உதவுகிறது. உதாரணமாக நமக்கு ஒளி நேர்கோட்டில் பயணிக்கும் என்பது தெரியும். தண்ணீர் அல்லது புற ஊடகங்கள் வழியே செல்லும்போது மட்டும் இது மாறலாம். ஆனால் ஒரு புள்ளியில் இருந்து ஒரு புள்ளிக்கு ஒளி எப்படிச் செல்லும் என்பதை QED மூலம் ரிச்சார்டு ஃபைன்மென் தனக்கே உரிய பாணியில் விளக்கினார். விடுமுறை நாளில் மக்கள் கூடும் ஒரு கடற்கரையில் குளிப்போர் பற்றி நமக்குத் தெரியும். அவ்விதம் குளிப்பவர்களில் மூழ்கப்போகும் ஆபத்தில் உள்ளவரை (ரிச்சார்டு ஃபைன்மென் கூற்றுப்படி அழகான பெண்ணை) காப்பாற்றிட நீச்சல் காவலர்... எல்லாரையும்போல மணல் வழியே நேராக அலையை கடக்கமாட்டார். அவருக்கு பெண் மூழ்கும் இடம் நோக்கிய குறுக்குவழிகள் தெரியும். ஆகக்குறைவான தூரத்தில் ஆபத்திலிருந்து மீட்க அவர் அப்படியான பாதையை தேர்வு செய்து பாய்வார்.

அதையேதான் ஒளியின் ஃபோட்டான் துகள்கள் செய்கின்றன. ஒளிக்கு ஒரு குறிப்பிட்ட புள்ளியில் இருந்து மறுபுள்ளிக்குப் பயணிக்கும் அனைத்துப் பாதைகளும் தெரிந்திருக்கின்றன. அவற்றை

ஒவ்வொன்றாக ஆய்வு செய்கிறது. பிறகு அவற்றில் ஆகக் குறைவான நேரமெடுக்கும் அந்தப் குறுகிய தூரப் பாதையை தேர்வு செய்கிறது என்கிறார் ஃபைன்மென். ஆனால் ஒரு நேனோ நொடியில் (அதாவது ஒரு நொடியின் ஒரு மில்லியன் துளி) முடிவெடுக்கிறது ஒளியின் ஃபோட்டான். எனவே குவாண்டம் செஸ் விளையாட இந்த மாதிரி நேனோ வினாடியில் எத்தனை மூவ் என்பதுகூட பெரிய அளவில் வெற்றி, தோல்வியை தீர்மானிக்கலாம்.

அதெப்படி நேனோ நொடியில் முடிவெடுப்பது..? இது சாத்தியமா என்பதுகூட நீங்கள் கேட்கக்கூடும். உங்களது திறன்பேசி உட்பட கணினிகள்- இணையம்- இவை அதைத்தான் செய்கின்றன. செயற்கை நுண்ணறிவு யுகத்திற்குள் நாம் நுழைந்திருக்கிறோம். கணினியலின் மூளைக்கு சொந்தக்காரரர் ஆலன் டர்ரிங். 1936-ல் யுனிவர்சல் டர்ரிங் மெஷின் எனும் சித்தாந்த யோசனையை அவர் முன்வைத்தார். சார்லஸ் பாபேஜின் டிஃபரன்ஸ் என்ஜின் எனும் காகிதச் சாதனையை பாம்பி (Bombe) எனும் அசல் கருவியாக்கிட ஆலன் ட்ர்ரிங்கால் முடிந்தது. அவரே பிறகு கொலோசஸ் எனும் சிமிக்கை தகர்ப்புக் கணினியை யுத்த களத்தில் அறிமுகம் செய்தார். டிரான்சிஸ்டர் வந்த பிறகு அறைகளை அடைத்த வால்வுகள் விடைபெற கணினி மேசைமீது வந்து அமர்ந்தது.

1965இல் வந்த மூர்ஸ்-விதிப்படி ஒவ்வொரு இரண்டு ஆண்டுகளுக்கு ஒருமுறை ஒருங்கிணைந்த மின்சுற்றில் அடைக்க முடிந்த டிரான்சிஸ்டர் சிப்புகளின் எண்ணிக்கை இரட்டிப்பாகும். இதன்மூலம் கணினியின் திறன்களும் வேகம்கூட இரட்டிப்பாகும் என்பது தொடங்கியது. சிலிக்கான் காலம் அதிவேகமாக நவீன கணினிகளைக் கொடுத்தது. இன்று ஒரு இஞ்ச் அகல நேனோ மின்சுற்றில் பில்லியன் டிரான்சிஸ்டர் வரை அடைக்கிறார்கள். இன்று இந்த அதி மெல்லிய டிரான்சிஸ்டர் என்பது 20

அணுக்களின் தடிமனே கொண்டுள்ளன. இது 5 அணு தடிமன் அளவாக எட்டப்படும் போது குவாண்ட நிலை வந்துவிடும். எலக்ட்ரான்களின் நிலையற்ற கோட்பாடு எல்லை வந்துவிடும். இது டிஜிட்டல் யுகத்தை குவாண்டம் யுகமாக மாற்றும். டிரான்சிஸ்டர்களின் வேலையை ஓர் அணுவே நேரடியாக செய்யும். அன்று ஜோர்டான் மூர் (மூர்ஸ் விதி) தன் விதியை அறிமுகம் செய்த அதே இண்டெல் நிறுவன விஞ்ஞானியான இன்றைய நாம் சஞ்சய் நடராஜன் 'தெரியும்..! நாங்கள் சிலிக்கானைவிட்டு குவாண்ட உலகிற்குள் நுழைய தயாராகிவிட்டோம்' என்கிறார். பிறக்கிறது குவாண்டம் கணினி யுகம்.

ஆனால் குவாண்ட -உயிரியல் இன்றி செயற்கை நுண்ணறிவுத் துறை இதற்குமேல் வளருவது கடினம் என்பது மேக்ஸ் பென்னட் போன்றவர்களின் கருத்து. மனிதனைப்போலவே சிந்திக்கும் எதிர்வினையாற்றும் சாட்-ஜி.டி.பி. முதல் செஸ் விளையாடி (தேவைப்பட்டால் குகேஷ் உடன் விளையாடி) வெல்லும் டி.டி.எம்.சி. செஸ் ஆப் வரை வந்துவிட்டாலும், எதிர்பார்த்த அளவுக்குச் செல்ல பல தடைக்கற்கள்.

உதாரணமாக நாங்கள் சிறார்களாக இருந்த காலத்தில் வந்த ஜெட்சன்ஸ் கார்ட்டூன் தொடரில் ரோஸி என்று ஒரு ரோபோட் வரும். 1962இல் உருவான இந்தத் தொடரில் தட்டை டிவி ஸ்கிரீன் கைபேசி, 3D அச்சாக்கம், ஏன் ஸ்மார்ட் வாட்ச் உட்பட பல அம்சங்கள் இருந்தன. கதையாக வந்த யாவுமே இப்போது நடைமுறைக்கு வந்துவிட்டது பெரிய அதிசயம். ஆனால் வீட்டில் ஜெட்சன்ஸ் குடும்பத்திற்கே உற்ற தோழியாக எல்லார் வேலைகளையும் செய்யும் அந்த மனித ரோபோட் இன்னும் எட்டப்படவில்லை.

அதேபோல 90களில் வந்த ஸ்மால் ஒன்டர் தொடரையும் யாரும் மறந்திருக்க மாட்டார்கள். டெட்லாசன் ஒரு ரோபோட் பொறியியல் நிபுணர். அவர் தன் வீட்டில்

விக்கி எனும் ரோபோட் பெண் குழந்தையை தன் மகள்போல வளர்க்கிறார். பத்து வயது மகன் ஜாமிக்கு உற்ற தங்கையாக ரோபோட் விக்கி. அப்படி கற்பனை செய்யப்பட்ட அளவிற்கு (எந்திரன் சிட்டி உட்பட) இன்னும் செயற்கை நுண்ணறிவு எட்டப்படவில்லை. அதற்கு கணினியாக்க குவாண்ட இயற்பியலை உயிரியலான மனித நரம்பியல் புரிதல்களுக்கு உட்படுத்த வேண்டி உள்ளது.

1944இல் ஷோர் 'டிங்கர்' 'உயிர் வாழ்தல் என்றால் என்ன?' என்று ஒரு புத்தகம் எழுதினார். 2001இல் அந்த நூலை தமிழில் சுஜாதா மறுபிரவேசம் செய்ய வைத்ததும் நினைவிருக்கலாம்/ ஷோர்டிங்கர் உயிரியியலாளர் அல்லர். குவாண்ட இயற்பியலாளர். குவாண்ட இயற்பியல் விதிப்படி ஷோர்டிங்கர் உயிர்வாழ்வதுபற்றி எழுதிய அற்புதம் அந்த நூல். மூளை இயலும்கூட வேகமாக முடிவெடுப்பது சம்பந்தப்பட்டதே. இன்றும்கூட செயற்கை எலி அளவு நுண்ணறிவு, செயற்கைப் பூனை- அளவு நுண்ணறிவு மற்றும் செயற்கை - மனிதமூளை - நுண்ணறிவு என்று அந்தத் துறையை யான் லெகான் போன்றவர்கள் பிரிப்பதைக் காண்கிறோம்.

தனது எட்டு கரங்களிலும் (கால்கள்) எட்டு மூளை கொண்ட ஆக்டோபஸ் மனிதனை பல்திறன் (Multi Tasking) விஷயத்தில் மிஞ்சுகின்றன. பார்வை தகவல்தொடர்பில் மனிதனைவிட புறாக்களின் மூளை வேகம் இருமடங்கு அதிகம் என்கிறார்கள்... இதைப் புரிந்துகொள்ள குவாண்ட உயிரியல் தேவை.

குவாண்டம் உயிரியல் என்பது இயற்பியலின் பாரம்பரிய விதிகளால் துல்லியமாக விவரிக்க முடியாத உயிரியலின் அம்சங்களுக்கு குவாண்டம் இயக்கவியல், கோட்பாட்டு வேதியியல் பயன்பாடுகளின் வழியே ஆய்வு செய்வது ஆகும். இதற்கு அடிப்படை குவாண்டம் இடைவினைகள் பற்றிய புரிதல் முக்கியமானது,

ஏனெனில் அவை உயிரியல் அமைப்புகளில் அடுத்த படிநிலை அமைப்பின் பண்புகளை தீர்மானிக்கின்றன.

பல உயிரியல் செயல்முறைகள் ஆற்றலை வேதி மாற்றங்களுக்குப் பயன்படுத்தக்கூடிய வடிவங்களாக மாற்றுவதை உள்ளடக்கியதாகும். இது சோலார் இயற்பியல்போலத்தான். இத்தகைய செயல்முறைகளில் வேதியியல் எதிர்வினைகள், ஒளி உறிஞ்சுதல், தன்னெழுச்சி மின்னணு நிலைகளின் உருவாக்கம், தூண்டுதல் ஆற்றல் பரிமாற்றம், ஒளிச்சேர்க்கை, நுகர்தல், செல்லுலார் சுவாசம் போன்ற வேதியியல் செயல்முறைகளில் எலக்ட்ரான்கள், புரோட்டான்களின் (ஹைட்ரஜன் அயனிகள்) பரிமாற்றம் ஆகியவை அடங்கும்.

மேலும், குவாண்டம் உயிரியல், குவாண்ட இயந்திரவியல் விளைவுகளின் புரிதல் வழியே உயிரியலில் மாதிரியாக்க கணக்கீடுகளை உருவாக்குதல் நடக்கிறது. குவாண்டம் உயிரியல் என்பது உயிரியியலில் குவாண்ட நிகழ்வுகளின் தாக்கத்துடன் தொடர்புடையது, இது உயிரியல் செயல்முறையை அடிப்படை இயற்பியலுக்குக் குறைப்பதன் மூலம் விளக்கப்படுகிறது. இருப்பினும் இந்த விளைவுகளை ஆய்வு செய்வது கடினம். தற்போது, குவாண்டம் விளைவுகளால் பாதிக்கப்படும் நான்கு முக்கிய வாழ்க்கை செயல்முறைகள் உள்ளன: நொதி வினையூக்கம், உணர்வு செயல்முறைகள், ஆற்றல் பரிமாற்றம், தகவல் குறியாக்கம்.

குவாண்டம் உயிரியல் என்பது ஒரு வளர்ந்து வரும் துறையாகும், பெரும்பாலான தற்போதைய ஆராய்ச்சிகள் கோட்பாட்டு ரீதியாகவும் மேலும் பரிசோதனை தேவைப்படும் கேள்விகளுக்கு உட்பட்டதாகவும் இருக்கிறது. இந்தத் துறையானது சமீபத்தில்தான் கவனத்தை ஈர்த்தது என்றாலும், 20 ஆம் நூற்றாண்டு முழுவதும் இயற்பியலாளர்களால் கருத்தாக்கப்பட்டது. மருத்துவ உலகின் எதிர்காலத்தில்

குவாண்டம் உயிரியல் ஒரு முக்கியப்பங்கை வகிக்கக்கூடும் என்று பரிந்துரைக்கப்படுகிறது.

குவாண்டம் இயற்பியலின் ஆரம்பகால முன்னோடிகள் உயிரியல் சிக்கல்களில் குவாண்டம் இயக்கவியலின் பயன்பாடுகளைக் கண்டனர். உதாரணமாக நான் ஏற்கெனவே சொன்னபடி எர்வின் ஷ்ரோடிங்கரின் 1944 புத்தகம் 'உயிர் வாழ்தல் என்றால் என்ன?' உயிரியலில் குவாண்டம் இயக்கவியலின் பயன்பாடுகள்பற்றி விவாதித்து ஷ்ரோடிங்கர் ஒரு அபெரியோடிக் படிகம் பற்றிய யோசனையை அறிமுகப்படுத்தினார், இது கோவலன்ட் இரசாயனப் பிணைப்புகளின் கட்டமைப்பில் மரபணு தகவலைக் கொண்டுள்ளது. பிறழ்வுகள் "குவாண்டம் லீப்ஸ்" மூலம் அறிமுகப்படுத்தப்படுகின்றன என்று அவர் மேலும் பரிந்துரைத்தார். மற்ற முன்னோடிகளான நீல்ஸ் போர், பாஸ்குவல் ஜோர்டான், மேக்ஸ் டெல்ப்ரூக் ஆகியோர் குவாண்டம் யோசனையும் வாழ்க்கை அறிவியலுக்கு அடிப்படையானது என்று வாதிட்டனர்.

1963ஆம் ஆண்டில், பெர்-ஓலோவ் லவ்டின் டிஎன்ஏ மாற்றத்திற்கான மற்றொரு வழிமுறையாக புரோட்டான் சுரங்கப்பாதையை வெளியிட்டார். அவர் தனது ஆய்வறிக்கையில், "குவாண்டம் உயிரியல்" என்று அழைக்கப்படும் ஒரு புதிய ஆய்வுத் துறை இருப்பதாக முதலில் கூறினார். 1979ஆம் ஆண்டில், சோவியத், உக்ரேனிய இயற்பியலாளர் அலெக்சாண்டர் டேவிடோவ் குவாண்டம் உயிரியல் பற்றிய முதல் பாடப்புத்தகத்தை உயிரியல் மற்றும் குவாண்டம் இயக்கவியல் என்ற தலைப்பில் வெளியிட்டார். நிலைமை சூடுபிடிக்கத் துவங்கியது.

என்சைம் வினையூக்கம் எலக்ட்ரான் போக்குவரத்து தொடர் சங்கிலிகளில் எலக்ட்ரான்களை மாற்றுவதற்கு குவாண்டம் டன்னலிங் பயன்படுத்தும் என்சைம்கள் முன்வைக்கப்பட்டுள்ளன. புரத குவாட்டர்னரி

கட்டமைப்புகள் நீடித்த குவாண்டம் என்டாங்கிள்மென்ட் மற்றும் ஒத்திசைவை செயல்படுத்துவதற்கு ஏற்றதாக இருக்கலாம், இவை உயிரியல் அமைப்புகளில் குவாண்ட சுரங்கப்பாதைக்கு வரம்புக்குட்படுத்தும் காரணிகளை விவரித்தன. எலக்ட்ரான் போக்குவரத்து மற்றும் புரோட்டான் சுரங்கப்பாதை (பொதுவாக ஹைட்ரஜன் அயனிகள், H+ வடிவில்) மூலம் ஏற்படும் குவாண்ட ஆற்றல் பரிமாற்றத்தின் அதிக சதவீதத்திற்கு இந்தக் கட்டமைப்புகள் காரணமாக இருக்கிறது. சுரங்கப்பாதை என்பது ஒரு துணை அணுதுகள் சாத்தியமான ஆற்றல் தடைகள் வழியாக பயணிக்கும் திறனைக் குறிக்கிறது. இந்தத் திறன் ஒரு பகுதியாக, நிரப்புக்கொள்கையின் காரணமாக உள்ளது. இது சில பொருட்களுக்கு ஜோடிப்பண்புகள் தருகிறது. அவற்றின் அளவீட்டின் முடிவை மாற்றாமல் தனித்தனியாக அளவிட முடியாது.

எலக்ட்ரான்கள் மற்றும் புரோட்டான்கள் போன்ற துகள்கள் அலை-துகள் இரட்டைத்தன்மையைக் கொண்டுள்ளன; அவை இயற்பியல் விதிகளை மீறாமல் அவற்றின் அலைப் பண்புகள் காரணமாக ஆற்றல் தடைகளைக் கடந்து செல்ல முடியும். பல நொதி நடவடிக்கைகளில் குவாண்டம் டன்னலிங் எவ்வாறு பயன்படுத்தப்படுகிறது என்பதைக் கணக்கிடுவதற்காக, உயிர் இயற்பியலாளர்கள் ஹைட்ரஜன் அயனிகளின் அவதானிப்பைப் பயன்படுத்துகின்றனர்.

ஹைட்ரஜன் அயனிகள் மாற்றப்படும்போது, இது உறுப்புகளின் முதன்மை ஆற்றல் செயலாக்க வலையமைப்பில் பிரதானமாக காணப்படுகிறது; வேறு வார்த்தைகளில் கூறுவதானால், குவாண்ட விளைவுகள் பொதுவாக புரோட்டான் விநியோகத் தளங்களில் ஒரு ஆங்ஸ்ட்ராம் (1A) வரிசையின்படி தூரத்தில் வேலை செய்யும். இயற்பியலில், குவாண்டம் தனிமங்களிலிருந்து (எ.கா. துகள்கள்) மேக்ரோஸ்கோபிக் நிகழ்வுகளுக்கு

(எ.கா. உயிர்வேதியியல்) மாற்றப்படுவதால், செமிகிளாசிக்கல் (SC) அணுகுமுறை இந்த செயல்முறையை வரையறுப்பதில் மிகவும் பயனுள்ளதாக இருக்கிறது.

ஹைட்ரஜன் சுரங்கப்பாதையைத் தவிர, குவாண்டம் டன்னலிங் மூலம் ரெடாக்ஸ் மையங்களுக்கு இடையே எலக்ட்ரான் பரிமாற்றம் ஒளிச்சேர்க்கை மற்றும் செல்லுலார் சுவாசத்தின் நொதிச் செயல்பாட்டில் முக்கியப் பங்கு வகிக்கிறது.

ஃபெரிடின் எனும் உதாரணம்

ஃபெரிடின் என்பது இரும்புச் சேமிப்பு புரதமாகும், இது தாவரங்கள், விலங்குகளில் காணப்படுகிறது. இது வழக்கமாக 24 துணைக்குழுக்களில் இருந்து உருவாகிறது, அவை தோராயமாக 2 nm தடிமன் கொண்ட ஒரு கோள ஷெல்லில் சுய-அசெம்பிள் ஆகும். வெளிப்புற விட்டம் 16nm வரை இரும்பு ஏற்றத்துடன் மாறுபடும். ஃபெரிஹைட்ரைட், மேக்னடைட் போன்ற நீரில் கரையாத சேர்மங்களாக Fe3+ ஆக்சிஜனேற்ற நிலையில் ~4500 இரும்பு அணுக்கள்வரை ஷெல்லின் மையப்பகுதிக்குள் சேமிக்கப்படும் [23] ஃபெரிடின் எலக்ட்ரான்களை குறைந்தபட்சம் பல மணிநேரங்களுக்கு சேமிக்க முடியும். இது Fe3+ஐ நீரில் கரையக்கூடிய Fe2+ ஆக குறைக்கிறது. எலக்ட்ரான்கள் 2nm தடிமனான புரத ஓட்டைக் கடத்தும் பொறிமுறையாக எலக்ட்ரான் டன்னலிங் 1988ஆம் ஆண்டிலேயே முன்மொழியப்பட்டது. எலக்ட்ரான் டன்னலிங், ஃபெரிட்டின் மற்ற குவாண்டம் மெக்கானிக்கல் பண்புகள் 1992இல் அடையப்பட்டன. மேலும் அறை வெப்பநிலை, சுற்றுப்புற நிலைகளில் எலக்ட்ரான் சுரங்கம் 2005இல் கண்டடையப்பட்டது. ஃபெரிட்டினுடன் தொடர்புடைய எலக்ட்ரான் டன்னலிங் அசப்பில் ரிச்சர்டு ஃபைன்மெனின் QED படியே நடந்துகொண்டது.

குவாண்ட இயந்திரவியல் பண்புகளை விவோவில் வெளிப்படுத்திய குவாண்டம் இயந்திரவியல் பண்புகளின் ஆரம்ப சான்றுகள் 2004இல் வெளியிடப்பட்டன, அங்கு நஞ்சுக்கொடி மேக்ரோபேஜ்களில் ஃபெரிடின் கட்டமைப்புகளின் காந்த வரிசைப்படுத்தல் சிறிய கோண நியூட்ரான் சிதறலை (SANS) பயன்படுத்துவது தெரியவந்தது. இது உயிரியல் குவாண்ட இயற்பியலை பயன்படுத்துவதும் அப்பட்டமான சான்று.

அடுத்தது நுகர்தல்

வாசனை உணர்வை, இரண்டு பகுதிகளாகப் பிரிக்கலாம்; ஒரு வேதிப்பொருளின் வரவேற்பு கண்டறிதலும், அந்தக் கண்டறிதல் எவ்வாறு மூளைக்கு அனுப்பப்பட்டு செயலாக்கப்படுகிறது. ஒரு நாற்றத்தைக் கண்டறியும் இந்த செயல்முறை இன்னும் கேள்விக்கு உட்பட்டது. "ஆல்ஃபாக் ஷனின் வடிவக் கோட்பாடு" என்று பெயரிடப்பட்ட ஒரு கோட்பாடு, சில ஆல்ஃபாக்டரி ஏற்பிகள் சில வடிவ வேதிப்பொருட்களால் தூண்டப்படுகின்றன என்றும் அந்த வாங்கிகள் மூளைக்கு ஒரு குறிப்பிட்ட செய்தியை அனுப்புகின்றன என்றும் கூறுகிறது. மற்றொரு கோட்பாடு (குவாண்டம் நிகழ்வுகளின் அடிப்படையில்) ஆல்ஃபாக்டரி ஏற்பிகள் அவற்றை அடையும் மூலக்கூறுகளின் அதிர்வுகளைக் கண்டறிந்து, வெவ்வேறு அதிர்வு அதிர்வெண்களால் "வாசனையை" மூளையில் ஏற்படுத்துகிறது என்று கூறுகிறது,

இந்தக் கோட்பாடு "ஆல்ஃபாக் ஷனின் அதிர்வுக் கோட்பாடு" என்று அழைக்கப்படுகிறது. இதை 1938இல் மால்கம் டைசன் உருவாக்கினார், ஆனால் 1996 இல் லூகா டுரின்மூலம் இது புத்துயிர் பெற்றது. வாசனையின் அதிர்வுக் கோட்பாடு, ஜி-புரோட்டீன் ஏற்பிகளால் வாசனை உணர்திறனுக்கான வழிமுறையானது உறுதியற்ற எலக்ட்ரான் ஓட்டம் காரணமாக மூலக்கூறு அதிர்வுகளைக் கண்டறியும் என்று முன்மொழிகிறது. முழுவதும்

எலக்ட்ரான் ஆற்றலை இழக்கும் சுரங்கப்பாதை. இந்தச் செயல்பாட்டில் ஒரு மூலக்கூறு ஜி-புரத ஏற்பியுடன் பிணைப்புத் தளத்தை நிரப்பும். இரசாயனத்தை ஏற்பியுடன் பிணைத்த பிறகு, இரசாயனமானது புரதத்தின் மூலம் எலக்ட்ரானை மாற்ற அனுமதிக்கும் பாலமாக செயல்படும். எலக்ட்ரான் தடையாக இருந்ததை முழுவதும் மாற்றும்போது, புதிதாக பிணைக்கப்பட்ட மூலக்கூறின் அதிர்வு காரணமாக அது ஆற்றலை இழக்கிறது. இது மூலக்கூறில் மணக்கும் திறனை ஏற்படுத்துகிறது.

அதிர்வுக் கோட்பாடு கருத்தாக்கத்தின் சில சோதனை ஆதாரங்களைக் கொண்டிருந்தாலும், சோதனைகளில் பல சர்ச்சைக்குரிய முடிவுகள் உள்ளன. சில சோதனைகளில், விலங்குகள் வெவ்வேறு அதிர்வெண்கள் மற்றும் ஒரே கட்டமைப்பின் மூலக்கூறுகளுக்கு இடையில் வாசனையை வேறுபடுத்தி அறிய முடிகிறது. மற்ற சோதனைகள் தனித்துவமான மூலக்கூறு அதிர்வெண்களால் வாசனையை வேறுபடுத்துவது மனிதர்களுக்குத் தெரியாது என்பதைக் காட்டுகின்றன. இது அப்பட்டமான குவாண்ட இயக்கவியல் நிகழ்வு.

பார்வைத் திறனும் குவாண்டமும்

காட்சி ஒளிமாற்றம் போட்டோ டிரான்ஸ்டக்‌ஷன் எனப்படும் செயல்பாட்டில் ஒளி சமிக்ஞைகளை செயல் திறனுக்கு மாற்றும் பொருட்டு பார்வை அளவு ஆற்றலை நம்பியுள்ளது. போட்டோ டிரான்ஸ்டக் ஷனில், ஒரு ஃபோட்டான் ஒரு ஒளி ஏற்பியில் உள்ள குரோமோஃபோருடன் தொடர்பு கொள்கிறது. குரோமோஃபோர் ஃபோட்டானை உறிஞ்சி, ஒளிச்சேர்க்கைக்கு உட்படுகிறது. கட்டமைப்பில் ஏற்படும் இந்த மாற்றம் புகைப்பட ஏற்பியின் கட்டமைப்பில் மாற்றத்தைத் தூண்டுகிறது, இதன் விளைவாக சமிக்ஞை கடத்தும் பாதைகள் ஒரு காட்சி சமிக்ஞைக்கு வழிவகுக்கும். இருப்பினும்,

ஃபோட்டோசோமரைசேஷன் வினையானது விரைவான விகிதத்தில், 200 ஃபெம்டோ 'செகண்டுகளுக்குள்' [53] அதிக மகசூலுடன் நிகழ்கிறது. இந்த செயல்திறனை அடைவதற்காக நில நிலை, உற்சாகமான நிலை சாத்தியங்களை வடிவமைப்பதில் குவாண்டம் விளைவுகளைப் பயன்படுத்த மாதிரிகள் பரிந்துரைக்கின்றன. இந்த இடத்தில் மீண்டும் ரிச்சர்டு ஃபைன்மன் வருகிறார். கண்டறிப்பட்ட காட்சி ஒன்று ஸ்லைடுபோல மூளைக்கு நியூரான்களால் கடத்தப்படுவது ஒளி தன் பாதையை தேர்வு செய்வதுபோல நடக்கிறது.

மனிதக் கண்ணின் விழித்திரையில் உள்ள சென்சார் ஒரு ஃபோட்டானைக் கண்டறியும் அளவுக்கு உணர்திறன் கொண்டது. ஒற்றை ஃபோட்டான் கண்டறிதல் பல்வேறு தொழில்நுட்பங்களுக்கு வழிவகுக்கும். வளர்ச்சியின் ஒரு பகுதி குவாண்டம் கம்யூனிகேஷன் மற்றும் கிரிப்டோகிராஃபி ஆகும். விழித்திரையைப் "படித்து" தனி நபரை அடையாளம் காணும் ஃபோட்டான்களின் சீரற்ற ஃப்ளாஷ்கள் மூலம் விழித்திரை முழுவதும் சிறிய எண்ணிக்கையிலான புள்ளிகளை மட்டுமே பயன்படுத்தி கண்ணை அளவிட பயோமெட்ரிக் முறையைப் பயன்படுத்துவதே யோசனையாகும்.

இந்த பயோமெட்ரிக் அமைப்பு ஒரு குறிப்பிட்ட விழித்திரை வரைபடத்துடன் ஒரு குறிப்பிட்ட நபரை மட்டுமே செய்தியை டிகோட் செய்ய அனுமதிக்கும். பார்வை இடுபவர் சரியான வரைபடத்தை யூகிக்காவிட்டால் அல்லது செய்தியைப் பெற விரும்பும் நபரின் விழித்திரையைப் படிக்க முடியாவிட்டால், இந்தச் செய்தியை வேறு யாராலும் டிகோட் செய்ய முடியாது.

குவாண்டம் உயிரியல் இன்று அதிவேகமாக வளர்ந்து வருகிறது. நமது விழிப்பார்வையின் கட்டளைகள் நம் குரலில் கட்டளைகளுக்கு கணினி கீழ்படிவதுவரை நாம் ரிச்சர்ட் ஃபைன்மனை எடுத்து வந்துவிட்டோம்...

ஏறக்குறைய நமது பிரிய முடியாத சகாவாகவே நம் கணினி கைபேசி மாறி வருகிறது. இன்று இணைய பேட்டா யுகம் மனிதர்களின் மனங்களை, எண்ணங்களைக் கைப்பற்றி மாற்றும் அளவுக்குப் போய்விட்டது. அப்படியானால் மனிதனைப்போலவும் மனிதனை மிஞ்சும் விதமாகவும் சுயமாக சிந்திக்கும் செயல்படும் செயற்கை நுண்ணறிவு விரைவில் சாத்தியமாகும். 'நான்' யார்? என் உடலின் அணுக்களை 'நான்' கட்டுப்படுத்துவதாகக் கருதுவதில் இயற்பியல் நுழைந்து அதை கேள்விக்கு உட்படுத்துகிறது என்பது தகவல்தொடர்பு யுக அதிர்ச்சி.

ரோஜர் பென்ரோஸ் 2008ல் 'குவாண்டம் ஆஸ்பெக்ட்ஸ் ஆஃப் லைஃப்' எனும் நூலுக்கு (நூலாசிரியர் அருண் கே.பதி மற்றும் டெரக் அபோட்) ஒரு முன்னுரை எழுதினார். வெப்ப இயக்கவியலின் இரண்டாம் விதிப்படி நிர்வகிக்கப்படும் உயிரி உலகில், அனைத்து தனிமைப்படுத்தப்பட்ட அமைப்புகளும் அதிகபட்ச சீர்குலைவு அல்லது என்டோரோபி நிலையை அடையும். அதிலிருந்து உயிர்க் கோளமும் தப்ப முடியாது என்று அதில் அவர் எழுதினார். பிரபஞ்ச ஒழுங்கின்மையை பேணுவது குவாண்டவியலே ஆகும்.

எனவே குவாண்டம் செஸ் ஒழுங்கின்மை விதிகளால் கட்டமைக்கப்பட்டது. செஸ் மட்டும்தானா, மங்காத்தா, ஆடுபுலி ஆட்டம்... தாயக்கட்டையில்கூட குவாண்டம் பயன் படுத்தப்படலாம். நீங்கள் வெல்வீர்கள் அல்லது வெல்ல மாட்டீர்கள்... குவாண்டம் செஸ் ஆட்டத்தில் மேலும் இரண்டு சாத்தியங்கள் உண்டு. வென்றும் தோற்றும் இருக்கலாம் அல்லது தோற்றும் அதே சமயம் வென்றும்கூட இருக்கலாம். இந்தக் குவாண்ட உலகில் நீங்களும் குகேஷ்தான். ஆடிக் கலக்குங்கள்.

●●●●●●

'நேனோ' வித அறிவு

21ஆம் நூற்றாண்டின் அறிவியல் தொழில்நுட்பம்
மனித உடலில் இருந்து மின்சாரம் எடுக்கும்...
இரவில் சூரிய ஒளியை புவியில் தேவையானபோது
படரவைக்கும் அறிவியலை அடையும். ஏனெனில்
அது நேனோ அறிவியலாக இருக்கும்.

- மிக்சியோ காக்கூ,1998

(இயற்பியல் அறிஞர்)

இருபத்தோறாம் நூற்றாண்டின் முதல் இரு பத்தாண்டுகள் முடிந்துவிட்டன. நமது தொடர்பு சொல் 'அறிவியலே'. இப்படி நான் இந்தக் கட்டுரையை தொடங்கும்போது நீங்கள் விநோதமாகப் பார்ப்பது இயல்புதான். நோம் சாம்ஸ்கி (அமெரிக்க மொழியியல் அறிஞர்) சொல்கிறார்... ஒவ்வொரு பத்தாண்டுக்கும் ஒரு தொடர்புச் (பிரதான) சொல்லை மனித சமூக அடையாளமாக நாம் காணலாம். நோய்த் தொற்று... பெட்ரோல், டீசல் விலை... ஜி.எஸ்.டி. அது இது என்று இந்த நூற்றாண்டு அல்லோலகல்லோலப் பட்டாலும் 'அறிவியல்' என்பதே இந்த இரண்டு பத்தாண்டுகளுக்கும் கடவுச் சொல்லாக உள்ளது.

இந்த நூற்றாண்டின் அறிவியல் இருவிதமாக செயல்படுகிறது என்று அறிஞர் மார்க் பர்க்கர் (ஜாக் மார்பர்க்கர் -2009) குறிப்பிடுவார். ஒன்று ஆர்வ மேலிட்டு அறிவியல், மற்றொன்று தேவை மேலீட்டு அறிவியல். ஆர்வ மேலீட்டுக் கண்டுபிடிப்பு உருவாக்கிய தொலைநோக்கி (கலீலியோ) தேவை மேலீட்டுக் கண்பார்வை கண்ணாடி 4 லென்சுகளை மேம்படுத்தியது ஒரு புரட்சி என்றால் ஆர்வ அறிவியல் தொழில் புரட்சிக்கு வித்திட்டதா அல்லது தொழில் புரட்சி

காரணமாக ஆர்வ அறிவியலில் அதிவேக மாற்றங்கள் ஏற்பட்டதா என்று ஒரு விவாதம் இன்றும் தொடர்கிறது.

எது எப்படியோ இந்த 21ம் நூற்றாண்டின் பிரதான மனிதப் பயன்பாட்டு கடவுச்சொல் அறிவியல் என்று ஏன் சொல்கிறோம் என்பதை நாம் சற்றே விரிவாக அலசவேண்டும். கைபேசி முக்கியக் காரணம், அத்தோடு இன்னபிற உபயோகிப்பு அன்றாடச் சாதனங்கள். மாட்டுவண்டிக்காரர்கூட ஜிபிஎஸ் பயன்படுத்திடும் விந்தையை ஜியோகிராஃபிகல் தொலைக்காட்சி சானலில் பார்த்து வியந்தேன். நோய் பரவல் காலத்தில் ரத்த ஆக்ஸிஜன் அளவு அறிய பலர் ஆக்ஸியோ பல்ஸ் மீட்டரை வீட்டிலியே வாங்கி வைத்ததுவரை எல்லாமே கருவிமயம் ஆகிவிட்டது. ஆன்லைன் கல்வி, இணைய ரயில் டிக்கெட், இ-மெயில் கடிதங்கள், செயற்கை கருத்தரிப்பு, திருப்பதி ஆன்லைன் தரிசனம் என்று வெளுத்து வாங்குகிறார்கள். அறிவியலே வெகுஜன கடவுச்சொல். ஆனால் இன்றைய 21ம் நூற்றாண்டு அறிவியல்வாதிகளின் கடவுச்சொல் எது? அதுதான் நேனோ, நேனோ தொழில்நுட்பம். சாதாரண மக்கள் அறிவியல் அறிவியல் என பதறவேண்டுமானால் விஞ்ஞானிகள், தொழில்நுட்ப நிபுணர்கள் நேனோ நேனோ என்று துடிக்க வேண்டும்.

தேவைதான் கண்டுபிடிப்புகளின் தாய் (Necessity is the mother of inventions) என்பது உண்மைதான் என்றாலும் அந்தத் 'தேவை' மிகச் சரியாக எது என்பதை அடைவதே பெரிய சவாலாக இருக்கிறது. பிரெஞ்சு எல்லையில் ஜெனிவாவில் ஐரோப்பிய அணு ஆராய்ச்சி நிறுவனத்தின் (CERN) விஞ்ஞானிகள்தான் www (World Wide Web) எனும் இணையத்தைத் தொடங்கினார்கள். மாபெரும் ஹாட்ரான் மோதுவி எனும் பிரமாண்ட இயற்பியல் துகளியல் செய்களக்

கருவி சார்ந்து 10,000 இயற்பியலாளர்களோடு உலக அளவில் தங்களது அன்றாடக் கணக்கீடுகள், கண்டுபிடிப்புகளைப் பகிர்ந்திட அவர்களுக்கு வேறு வழி தெரியவில்லை. டிம்-பெர்னர்-லீ எனும் (டிம்பெல்) கணினிப் பொறியாளர் ஐ.எஸ்.டி., எனப்படும் சர்வதேச டிரங்க்கால் தொலைபேசி அமைப்பை கணினிகளில் இணைத்து சர்வர் எனும் அமைப்பிற்கு அடிகோலினார். ஒரு சரியான கூரியர் சேவை –நேரடியாக –தந்தி சிமிக்கை வழியே அதை மேலும் விலை குறைவாக செய்திருக்க முடியும் என்று 1999ல் தணிக்கைக் குழு அவரை கண்டித்தது. இன்று அப்படி யாராவது சொன்னால் சிரிப்பார்கள். இணையப் புரட்சியே நேனோ புரட்சியின் முதல்படி என்பதை அப்போது பலரும் அறியவில்லை.

இன்னும்கூட தெளிவாக நேனோவின் அருமையை நாம் அறியவேண்டுமெனில் இன்னொரு வழி இருக்கிறது. உங்களது ஸ்மார்ட்போன் எனும் கைபேசியில் ஒரு காலத்தில் தனித்தனிக் கருவிகளாக இருந்த புகைபடக் கருவி, வீடியோ ரெக்கார்டர், ஒளிப்பதிவுக் கருவி, தட்டச்சுக் கருவி, திசைகாட்டும் கருவி, டி.வி., ரேடியோ உட்பட 16 கருவிகள் அந்தக் குட்டி இடத்தில் அழகாக, வாகாக அடைந்துகொண்டு அசத்துவது நேனோ தொழில்நுட்பம் எனும் புதிய அறிவியலால்தான். இன்று வகுப்பறைகூட ஆன்லைன் வகுப்பறை என்றான பிறகு இந்த 21ம் நூற்றாண்டின் மனித வாழ்வை முழுமையாய் ஆக்கிரமித்து பல படி நிலைகள் உயர்த்தப்போகும் அறிவியலை அது இன்னது என்று முழுமையாக அறியும் அவசியம் இருக்கிறது.

அது என்ன நேனோ தொழில்நுட்பம்? சாதாரண அறிவியல் தொழில்நுட்பத்திற்கும் அதற்கும் என்ன வித்தியாசம்? அணுக்கள் எவ்வளவு சிறியனவோ, மூலக்கூறு ஒன்றின் அளவு எத்தனை மிக மிகச் சிறிதோ

அந்த அளவை அளவீடாக (Scale) கொண்டு அதற்குள் நுண்ணிய 'பொருட்களை' கண்டுபிடிப்புகளை, கருவிகளை உருவாக்க ஆய்வுகள் நடக்கும் துறையே நேனோவியல் ஆகும். நேனோ எனும் சொல் ஓர் அலகைக் குறிக்கும். 1960ல் நேனோ எனும் சொல் அறிமுகம் ஆனது. நேனஸ் என்பது லத்தீன் மொழியில் குள்ளச்சாத்தான், சித்திரக் குள்ளன் என்ற அர்த்தத்தைக் குறிக்கும். ஆகச் சிறிய கண்ணுக்கே புலப்படாத அந்த அளவீட்டு உலகை புரிந்துகொள்வது எளிது. ஒரு நேனோ மீட்டர் என்பது ஒரு மீட்டர் நீளத்தில் ஒரு பில்லியனாவது துகள். அதாவது ஒரு பில்லியன் நேனோ மீட்டர்தான் ஒரு மீட்டர் ஹைட்ரஜன் அணுவைவிட பத்துமடங்கு விட்டம். இதைப் புரிந்துகொள்ள இன்னொரு வகையில் முயற்சிப்போம். நமது தலைமுடியின் விட்டம் (அகலம்) எவ்வளவு? ரொம்பக் குட்டிதான் அல்லவா? அது 80000 நேனோ மீட்டர்கள்!

அந்த அளவிற்கு மிக மிக மிகச் சிறிதாக துகளாக்கப்பட்ட அளவில் வேதிப்பொருட்களைக் கையாளும்போது இயற்பியல், வேதியியல் விதிகள் அங்கே பொருந்துவதில்லை. தமிழில் சிலர் இதை மீநுண் தொழில்நுட்பம் என்றும் அழைக்கிறார்கள். பெரிய பொருட்களை, கருவிகளை செய்ய இரும்பை பயன்படுத்துகிறீர்கள் என்று வைத்துக்கொள்வோம். அந்த இரும்பை நேனோ துகள்களாக்கி, துல்லியமாக அணு அளவிலும் மூலக்கூறு அளவிலும் தூளாக்கி பிறகு கையாண்டு செய்தால் அதுவே நேனோ தொழிற்சாலை. ஒரு வேதிப்பொருளின் நிறம், பலம், மின்கடத்தல் திறன், கதிர்வீச்சுத் தன்மை என யாவுமே நேனோ அளவிலும் பொது அளவிலும் முற்றிலும் வேறுபடுகின்றன. உதாரணமாக கார்பன் நேனோ குழாய்கள் வார்ப்பிரும்பைவிட 100 மடங்கு பலம்

வாய்ந்தவை. ஆனால் ஆறு மடங்கு எடை குறைவானவை.

‘நேனோ தொழில்நுட்பம்’ எனும் பதத்தை அறிமுகம் செய்தவர் எரிக் டிரெக்ஸ்லர். வருடம் 1986. ஆனால் இந்த யோசனை 1959ல் இயற்பியல் அறிஞர் ரிச்சர்டு ஃபைன்மனால் There is plenty of Room at the Bottom’ எனும் பிரபல அறிவியல் உரையில் தொடங்கி வைக்கப்பட்டது. அந்தப் பேருரையில் ரிச்சர்டு ஃபைன்மன் அணுக்களை அவற்றின் அதே அளவில் தனித்தெடுத்து கட்டுப்படுத்தி உருவாக்க முடிந்த பொருட்தொகுப்பின் சாத்தியங்கள் பற்றி விவரித்தார். ஆனால் டிரெக்ஸ்லர் தனது ‘நேனோ தொழில்நுட்ப யுகம்’ எனும் 1986 நூலில் ஃபைன்மனோடு ஜப்பானின் நோரியோ தானிகுச்சி எனும் அறிஞரின் பொறியியல் கோட்பாடுகளை இணைத்தார். இந்த ‘நேனோ தொழில்நுட்பம்’ புத்தகம்தான் முதன்முதலில் நேனோ அளவீடு அளவிற்கு முற்றிலும் தனித்தெடுக்கப்பட்ட நுண் துகள், அணுக் கட்டுப்பாட்டின் வழியே தன்னையும் உருவாக்கிக்கொண்டு பிறவற்றையும் புனையும் ஆற்றலைப் பெறுகிறது என அறிவித்தது. அது அற்புதமான திருப்புமுனை.

ஆனால் யாராலுமே கண்களால் காணமுடியாத அந்த நுண் உலகை புரிந்து செயலாற்றுவது எளிதாக இருக்கவில்லை. அதற்கான வழி 1981ல் பிறந்தது. ஊடுருவும் அலகீட்டு நேனோ நுண்நோக்கி. சூரிச் ஆய்வகத்தின் (ஜெர்மனி) ஐரெ்டு பென்னிகு, என்ரிச் உரோகிரர் ஆகியோர் அதை சாதித்தனர். 1986ல் இவர்களோடு குவேட் எனும் அறிஞரும் இணைந்து அணுவிசை நுண்ணோக்கியை கண்டுபிடிக்க பிறந்தது நேனோ யுகம்.

நேனோ துகளாக்கி ஒரு கருவியை உருவாக்குவதால் என்ன பயன்? சொன்னால் நம்பமாட்டீர்கள். உங்களது

கைபேசி சாதாரணத் தனிமத்தால் சாதாரண முறைப்படி உருவானால் முதலில் இத்தனை பயன்பாடுகளை அடக்கமுடியாது. அப்படியே செய்தாலும் ஒரு மணிநேரம் நீங்கள் இழுக்கும் இழுப்பிற்கு (தடவும் தடவுக்கு) உங்கள் வீட்டு மின்சார பில்லைக் கட்ட வங்கியில் லோன் போடவேண்டி இருக்கும். நேனோ அளவுக்கு துகளான பிறகு ஆற்றல் மேம்பாடு உறுதி. அத்தோடு பயன்படுத்தும், செலவீனமாகும் ஆற்றலோ மிக மிகக் குறைவு. புகை இல்லாத சுற்றுச்சூழலுக்கு உதவிடும் தொழில்நுட்பம் குறிப்பாக உடல்நலம் மற்றும் சுகாதாரத் துறைக்கு நேனோ மிக மிக உதவியாக பல காரியங்களைத் செய்கிறது. மிக குறைவான விலை, மிக அதிக உற்பத்தி. நேனோ கருவிகள் சிறியவை, எடை குறைவானவை இப்படி நேனோ ஆதரவாளர்கள் அடுக்கிக்கொண்டே போகிறார்கள்.

குறிப்பாக சுகாதாரத்துறை, மருத்துவ உலகம் நேனோ தொழில்நுட்பம் நுழைந்த பிறகு முற்றிலும் மாறி இருக்கிறது. நேனோ ஒளிப்படக் கருவிகளை ரத்த நாளங்களில் செலுத்தி புதுவகையான மருத்துவத்திற்கே வழிவகை செய்திருக்கிறார்கள். மலேரியா நுண்கிருமி ஒழிப்பில் 2005ல் பிரமாண்ட சாதனை. இப்போது நேனோ தொழில்நுட்பம் மருத்துவத் துறையோடு கைகோர்த்து கோவிட் வைரஸை முற்றிலும் விவரித்து தடுப்புமுறைகளையும் முன்வைக்கிறது. உடலில் எந்த உள் உறுப்பில் பிரச்சனையோ அந்த உறுப்பிற்கு நேனோ மருந்துக் குறிப்புகளை நேரடியாக அனுப்பி வைத்தியம் பார்க்கும் துரித – சிகிச்சை! நாம் தையல்கடையில் அர்ஜெண்டா, ஆர்டினரியா என – தைத்த ஒரு காலம் இருந்தது அல்லவா? இப்போது நேனோ மருத்துவத்தில் அதுதான் ஃபேஷன்.

அரேபிய பாலைவனத்தில் தண்ணீரை மறுபடி மறுபடி பயன்படுத்த உதவும் நேனோ சுழற்சி இந்தப்

பத்தாண்டுகளின் அற்புதம். முற்றிலும் நஞ்சான நீரைக்கூட உயிர்ப்புடன் மீட்கும் நேனோ வடிகட்டிகள் வந்துவிட்டன. பல நாடுகளில் இன்று விவசாயத்திலும் நேனோ புகுந்துவிட்டது. மிகச் சிறிய சென்சார்களை நிலங்களில் பயிர்மேல் தூவி எங்கோ பல மைல் தொலைவிலிருந்து விளையும் அளவு பூச்சிகளின் படையெடுப்பு என அறிந்து செயல்படும் தொழில்நுட்பம் அது. கூடவே நேனோ உரங்கள் உணவுப்புரட்சிக்கு நடைபோடுகின்றன. உள்ளதிலேயே அற்புதமானது உப்புமண் போன்ற விளைச்சலுக்கு முற்றிலும் தகுதியே இல்லாத மண்ணில் அல்லது நிலத்தடி நீர் வற்றிய சூழலில், மிகவும் வறண்ட பூமியில் நேனோ –அளவீட்டிற்கு விளைபயிர்களின் மரபணுக்களை லேசாக உருமாறறம் செய்து காற்றின் ஈரப்பதத்தை உறிஞ்சி விளையும் பேராற்றலை சீனாவில் தர முடிந்திருக்கிறது. நேனோ உணவு என்றே தனி கலாச்சாரம் அங்கேயிருந்து கொரியா, தான்சானியா, ஜார்ஜியா (பனி) என விரிவடைந்தும் வருகிறது.

2004 வரை கடலில் எண்ணெய்க் கப்பல்கள் கவிழ்ந்தால் கடலில் அந்தப் பகுதியில் எப்படியான பேரழிவு ஏற்பட்டு வந்தது என்பதை நம்மால் நினைவுக் கூர முடியும். இன்று நிலைமை அப்படி இல்லை. நேனோ துகள்கள் கடலில் சில மணிநேரங்களில் எண்ணெயை அகற்றி பழையபடி ஆக்கிவிடும் சூப்பர் வேகக் தொழில்நுட்பம் அறிமுகம் ஆகி உள்ளது. மணலில் இருந்து எண்ணெயைப் பிரித்து, பாறைகள், கடலின் நீர், பறவைகளின் இறகுகள் என யாவற்றையும் சில மணிநேரங்களில் பளிச்சென மாற்றிவிடுகிறது. ஹெலிகாப்டரில் இருந்தபடி நேனோதுகள் சுத்திகரிப்பான்களை தூவி அசத்துகிறார்கள்.

முப்பரிமாண - உற்பத்தி (3D Production Technology) தொழில்நுட்பம் இன்று நான்காவது தொழிற்புரட்சி என்று அழைக்கப்படுகிறது. விண்வெளிக்கு பொருட்களை கொண்டு செல்லும் செலவை நேனோ தொழில்நுட்பம் குறைத்துவிட்டது. சாதாரணக் கம்பிகள் முதல் பெரிய படகுகள் வரை தயாரிக்கிறார்கள். நேனோ தொழில்நுட்பப் பயன்பாட்டின் கதாநாயகத் தனிமம் கார்பன்தான். கார்பன் நேனோ டியூப்களை நம் இந்தியாவில் பஞ்சாபின் மொஹாலியில் உற்பத்தி செய்கிறார்கள். இந்த கார்பன் நேனோ டியூப்கள் எடை குறைவான வடிவமைக்க எளிதாக உள்ள, வெப்பத்தை மிகக் குறைவாக வெளிப்படுத்தும், மின்சாரத்தை அட்டகாசமாகக் கடத்தும் செயல்திறன் மிக்கவை. ஆயிரக்கணக்கான விதமாக பிற நேனோ தனிமங்களோடு கலந்து பல பொருட்களின் உற்பத்தியில் உதவக்கூடியது. நமது கைபேசிகள் போட்டோ வோல்டாயிக்வகை நேனோ ஒயர்களை பயன்படுத்துகின்றன. அதனால் கைபேசி உள்ளே இருக்கும் நேனோ ஒயர்கள் (மின்கம்பி) வெளியேகூட தெரியாது.

நேனோ உயிரிதொழில்நுட்பம்பற்றியும் பார்க்க வேண்டும். அடுத்த பத்தாண்டின் அறிவியலாக அதுவே மலர உள்ளது. மருத்துவத்துறையில் நேனோ அறிவியலின் பங்கு குறித்து தினமும் ஓர் ஆயிரம் ஆய்வுக்கட்டுரைகளாவது வெளிவருகின்றன. புற்றுநோய் முதல் உயிர்க் கொல்லி நோயான எய்ட்ஸ்வரை வீழ்த்திட நாம் நேனோ யுகத்திற்குள் மெல்ல நுழைந்துகொண்டிருக்கிறோம்.

1. நோய் பாதித்த திசுக்களைக் குணப்படுத்தும் தனிநோக்கத்தோடுகூட சிகிச்சை முறை (Drug Trageting) பக்கவிளைவுகளை முற்றிலும் நீக்குகிறது.
2. சாதாரண மருந்துகளைவிட அதிவீரியமிக்க ஆனால் குறைந்த அளவு (mg) எடுக்கத்தக்க நேனோ மாத்திரைகளை அறிமுகம் செய்கிறது.

3. முற்றிலும் சிதைந்த உயிரிசெல்களை நேரில் உடலுக்கு உள்ளே பயணித்து நேனோ கருவிகள் செப்பனிட்டு தனித்து கவனம் செலுத்தி சரிசெய்யும் புதிய மருத்துவம்.
4. மரபணுக்களின் நேனோ ஆய்வு சந்ததி நோய்கள் அடுத்த சந்ததிக்குப் பரவாமல் – நோய் கடத்தும் டி.என்.ஏ.க்களை கண்டறிந்து மாற்றமுடியும். இப்படி பல விந்தைகள்.

உலக அளவில் இன்று மூன்றில் இரண்டு பங்கு ஆய்வு உதவிகள் ஆய்வு நேனோ தொழில் நுட்பத்திற்கே ஒதுக்கப்படுகின்றன. பிரிட்டிஷ் பாலிசி ரிசர்ச் குழுமத்தின் மூத்த விஞ்ஞானி பால்மில்லர் கடந்த பத்தாண்டுகளில் ஒரு டிரில்லியன் அமெரிக்க டாலர் அளவுக்கு இத்துறை ஆய்வுகளுக்கு அரசுகள் ஒதுக்கியதாகக் கூறுகிறார். ஏறத்தாழ வளர்ச்சி அடைந்த மேற்கு உலகின் ஒவ்வொரு அறிவியல் சார்ந்த வருடாந்திர பட்ஜெட்டும் நேனோ – ஆராய்ச்சியை வைத்தே யோசிக்கப்படுகிறது.

மற்றபடி உலக அளவில் வளர்ச்சி அடைந்து வரும் நாடுகளில் பிரேசில், சிலி, சீனா, இந்தியா, பிலிப்பைன்ஸ், தென்கொரியா, தென்அமெரிக்கா, தாய்லாந்து என பலநாடுகள் நேனோ போட்டியின் உச்சத்தின் உள்ளன. டொராண்டோவின் பயோ எத்திக்ஸ் மையம் இவற்றில் முன்னணி நாடுகள் என்று சீனா, தென்கொரியா, இந்தியாவை பட்டியலிட்டுள்ளது.

இந்திய மண்ணில் வெறும் 60 கோடி பட்ஜெட்டோடு 1999ல் தொடங்கிய பயணம் இன்று வருடத்திற்கு 60,000 கோடி பட்ஜெட்டாக, வளர்ச்சி கண்டுள்ளது. 2013 வரையான ஐந்தாண்டுகளில் மட்டும் 23000 ஆய்வுக் கட்டுரைகள் (பிச்டி) சமர்ப்பக்கப்பட்ட பிரமாண்ட துறையாக நேனோ மாறிவிட்டது. தனிப்படை நேனோ ஆராய்ச்சி, மருத்துவத் துறையில் நேனோ, தகவல்

தொழில்நுட்பத்தில் நேனோ, பாதுகாப்புத் தளவாட அறிவியலில் நேனோ, விண்வெளி ஆய்வில் நேனோ என்று பிரித்து இந்தியா கையாளுகிறது. நேனோ கட்டமைப்பு இயல், நேனோ எலெக்ட்ரானிக்ஸ் படிப்புகளை நாம் அறிமுகம் செய்து வளரும் தலைமுறையை தயார் செய்கிறோம். 2019ல் உலக அளவில் நேனோ குறித்த ஆய்வுக்கட்டுரைகள் அதிகம் வெளியிட்ட நாடுகளின் பட்டியலில் சீனா மற்றும் அமெரிக்காவுக்கு அடுத்து இந்தியா மூன்றாம் இடத்தில் உள்ளது. நேச்சர் நேனோ தொழில்நுட்ப சர்வதேச இதழில் இந்திய நேனோ விஞ்ஞானிகளான அரிந்தம் கோஷ், யமுனா கிருஷ்ணன் சர்வதேச அளவில் இந்திய நேனோ தொழில்நுட்பம் குறித்த ஆய்வுகளின் பங்களிப்பு குறித்து சிறப்பான கவனம் பெற்ற ஏழு ஆய்வுக்குழுக்கள் நன்னீர் தூய்மையாக்கலில் இருந்து ஆடை உற்பத்திவரை இன்று பெரிய மாற்றங்களை விளைவித்ததை பதிவிட்டனர்.

நேனோ- தொழில்நுட்பம் குறித்த ஆபத்து என்று எதுவுமே இல்லையா? நேனோ தொழில்நுட்பம் எனும் பதத்தை நமக்கு அறிமுகம் செய்த எரிக் டிரெக்ஸ்லர், தனது தன்னைத்தானே வடிவமைத்துக்கொள்ளும் இயந்திரங்களை நேனோ தொழில்நுட்பம் அறிமுகம் செய்யும்போது – அவை மிகுந்த ஆபத்தானவையாக மாறும் என்று எச்சரித்தார். இன்று நான்காவது தொழிற்புரட்சி என்பது யாருமே (நேரடியாக) தலையிட வேண்டிய அவசியமற்ற தன்னைத்தானே உற்பத்தி செய்துகொள்ளும் முப்பரிமாண உற்பத்தி (3D - Production) எனும் புதிய வகை தானியங்கித் தொழிற்சாலைகள் ஆகும். பல்கி – பால் எனும் நேனோ மூலக்கூறுகள் புவியில் புதிய சுற்றுச்சூழல் அச்சுறுத்தலாக மாறியும் வருகிறது. 'பிளாஸ்டிக்கிற்கு மாற்று… ஆனால்.' என்று ஒரு கட்டுரையை சமீபத்தில் (டெஸ்லா ஆய்வகம், அமெரிக்கா, எழுவர் குழு) வாசித்தேன்.

தூக்கம் வரவில்லை. இன்று வெள்ளீயம் முதல் தங்கம், மெக்னீசியம், தோரியம் என நேனோ துகள் இல்லாத இடம் புவியில் இல்லை. கடல் தூய்மை, தூய்மை உற்பத்தி என்பது நம் கண்களுக்குதான். இதோ அலகீட்டு நேனோ நுண்நோக்கி. இதன் வழியே பாருங்கள் ... என்கிறார்கள் இவர்கள். ஆனால் இந்தக் கட்டுரை எழுதப்படும் இந்த நிமிடம் வரை பெரிதாக அதனால் விளைவு எதுவும் பதிவு செய்யப்படவில்லை என்பதே ஆறுதல்.

எது எப்படியோ, நமது மகாகவி பாரதி அறிவியல் சம்பந்தமாக 1921ம் ஆண்டு எழுதிய கட்டுரைக்கு 'நானாவித அறிவு' என்று தலைப்பிட்டார். அறிவு இதழ் என்று சூர்யோதயம் எனும் பத்திரிகைகூட தொடங்கினார். நூறு ஆண்டுகள் ஆகிவிட்டன. இந்த யுகத்தில் இருந்திருந்தால் அவர் 'நேனோ' வித அறிவு என்று தான் தன் கட்டுரைக்கு தலைப்பு வைத்திருப்பார். அந்த அளவுக்கு இன்று உலக அறிவியல், நேனோ அறிவியல் ஆகிவிட்டது என்பதே உண்மை.

துணை நின்றவை:

5. 1. எஞ்சின் ஆஃப் கிரியேஷன்ஸ், எரிக்.கே.டெக்ஸ்லர் டபிள்டே வெளியீடு ISBN 978 – 0-385-19973-5.
6. 2. ஏ.ஹப்லர், டிஜிட்டல் நேனோ யுகம், நேனோ வெற்றிடம், நேனோ புரட்சி – காம்ப்ளக்ஸ் சிட்டி பிரஸ்.
7. 3. கார்பன் நேனோ டியூப்ஸ் மற்றும் ஆற்றல் மாற்றம் இ.ஷைன் – காம்ப்ளக்ஸ் சிட்டி பிரஸ்.
8. 4. நேனோ–மருத்துவம், ராஜிவ் சயானி, ஜர்னல் ஆஃப் கட்டேனியஸ், சர்ஜரி இதழ், 32-33.
9. 5. இந்தியாவும் நேனோ தொழில்நுட்ப அறிவியலும் தற்போதைய நிலை- அரிந்தன்கோஷ், யமுனா கிருஷ்ணன் www.nature.com/nnano/journal /v9/2019

•••••

நோபல் பரிசுப் பட்டியலில் இந்தியர்கள் யாரும் இல்லை

1. பிரதமருக்கு சிறுமியின் கேள்வி

இயற்பியல், வேதியியல், மருத்துவ இயல் துறைகளுக்கான இந்த ஆண்டுக்கான நோபல் பரிசுகள் அறிவிக்கப்பட்டு உள்ளன. எழுச்சிமிக்க அந்தப் பட்டியலில் துறைக்கு 3 என்று 9 பேரின் பெயர்கள், புகைப்படங்கள் அறிவியல் ஆர்வலர்கள் பலரது கைபேசி ஸ்டேட்டஸில் இருந்தது. தற்போது அந்த சலசலப்பு அடங்கி மீண்டும் டிசம்பர் 10ஆம் நாள் அதாவது நோபல் பரிசு வழங்கப்படும் நாளில் அது உயிர்த்தெழும். இந்த ஆண்டும் நம் இந்தியாவை சேர்ந்த யாருமே நோபல் பெறவில்லை என்பதை பற்றி எந்த சலனமும் இல்லாமல் நம் சமூகம் அதைக் கடந்து சென்றுவிட்டது. ஒவ்வொரு நோபல் அறிவிப்பும் நமது துக்க தினம் என நமக்கு ஏன் தோன்றுவதில்லை?

நோபல் பரிசை விட்டுவிடுவோம். அதுவே எல்லாம் அல்ல. ஆனால் பொதுவாகவே நம் பல்கலைக்கழகங்களில் அறிவியல் ஆராய்ச்சி எந்த நிலையில் உள்ளது. ஆயிரத்து தொள்ளாயிரத்து எழுபதுகளில் அப்போதைய பிரதமர் இந்திராவுக்கு ஒரு சிறுமி எழுதிய கடிதம் ரொம்ப பிரபலம். சி.வி. ராமன், மேக்நாத் சாகா, சத்யேந்திர போஸ் இவர்களை ஆங்கிலேயர்கள் காலத்தில் கல்வி உருவாக்கியதே, அதற்குப் பிறகு நமது கல்வி இவர்களைப்போல யாரையாவது உருவாக்க முடிந்ததா என்று ஒரு அரை அணா தபால் கார்டில் அந்த சிறுமி எழுதி பிரதமரிடம் கேட்டிருந்தார்.

பிரதமர் இந்திரா அதை புதுடில்லியில் சில பேராசிரியர்கள், விஞ்ஞானிகள் என அனுப்பினார். நிஜத்தில் அப்படி உருவான அந்த மனிதர்கள் குறித்து அந்தச் சிறுமிக்கு எழுதிட உதவுமாறுதான் அவர் கேட்டிருந்தார். ஆனால் துரதிர்ஷ்டவசமாக அந்தக் கேள்விக்கு பதிலே அப்போது யாரிடமிருந்தும் வரவில்லை. அந்தச் சிறுமி என்ன ஆனாள் என்பது தெரியாது என்றாலும் நாடு விடுதலையடைந்த 75ஆவது ஆண்டில் இன்றும்கூட அந்தக் கேள்விக்கு சரியான பதில் நம்மிடம் இல்லை என்பது எவ்வளவு மோசமான உண்மை

2. ஆங்கிலேயர் ஆட்சியில் நமது அறிவியல்

இத்தனைக்கும் ஆங்கிலேயர்கள் ஆட்சியின் பொழுது அவர்களது அயல் ஆய்வகங்களில் கேம்பிரிட்ஜில் அல்லது ஆக்ஸ்போர்டில் நமது ராமனோ, மேக்நாத் சாஹா சத்யேந்திர நாத்போஸ் ஆய்வு நடத்தவில்லை. முழுதும் இந்திய தயாரிப்புகள், கல்கத்தாவின் இந்திய அறிவியல் வளர்ச்சிக் கழகம், கல்கத்தா பல்கலைக்கழகம், காசி இந்துப் பல்கலைக்கழகம், மதராஸ் பல்கலைக்கழகம் என்பவை ஆங்கிலேயர் காலத்தில் செயல்பட்ட இந்திய கல்விக்கூடங்கள். இத்தனைக்கும் எப்போதும் விடுதலைப்போராட்ட சதி நடப்பதாக பிரிட்டிஷ் ஆட்சியாளர்கள் கொடுக்காத தொல்லை கிடையாது. போதுமான நிதி ஆதாரம் என்றைக்குமே கிடைத்ததில்லை. காசி இந்துப் பல்கலைக்கழகத்தை இந்தியர்கள் வழங்கிய நன்கொடையில் மதன் மோகன் மாளவியா நடத்தினார்.

சென்னைப் பல்கலைக்கழகத்தில் ஒரே ஒரு எக்ஸ் கதிர் படிக உருவியல் ஆய்வகத்தை ஏற்படுத்திட ஆற்காடு ராமசாமி முதலியார் பிரிட்டிஷ் அரசிடம்

பெரும் போராட்டமே நடத்த வேண்டியிருந்தது. சி.வி. ராமன் நோபல் பரிசை நேரில் பெறுவதற்கு கப்பலில் பிரயாணம் செய்ய மாளவியா முதல் நம் சிங்காரவேலர் வரை துண்டு ஏந்தி பொதுமக்களிடம் நிதி திரட்டினார்கள். 1942கூட காசி இந்துப் பல்கலைக்கழகத் துணைவேந்தராக இருந்த சர்வப் பள்ளி ராதாகிருஷ்ணன் இராணுவம் வரும் பட்சத்தில் தன்னை முதலில் கொன்று விடலாம் என்று ஆங்கிலேயரை எதிர்த்து வளாகத்தின் நுழைவாயிலில் நின்று போராடியது வரலாறு.

ஆனால் இந்த நிலையிலும் அறிவியல் ஆராய்ச்சி பல சாதனைகள் படைத்தது. ஒரு கட்டத்தில் மேக்நாத் சாஹா உலகின் இரண்டாவது சைக்ளோட்ரானை வடிவமைத்தது, சாந்தி ஸ்வரூப பட்னாகரின் கீழ் 100 ஆய்வு மாணவர்கள் இருந்ததும் எப்பேர்பட்ட எழுச்சி. சர்வதேச அறிவியல் ஆய்வு இதழ்களில் நம் இந்திய பல்துறை அறிஞர்களின் 6000 ஆய்வுகள் விடுதலைக்கு முன் வெளிவந்ததாக ஒரு புள்ளிவிவரம் சொல்கிறது.

3. நம் பல்கலைக்கழகங்களின் இன்றைய நிலை

அறிவியல் துறை ஒன்றில் ஒருவர் அடிப்படை ஆய்வு செய்யும் இன்றைய சூழல் மிகவும் துரதிர்ஷ்டவசமானது. வேலைக்குப் போவது எனும் சமூக அழுத்தம் இன்றைய இளைஞர்களை ஆய்வு வட்டத்திற்குள் வர விடுவதே இல்லை. அப்படி வருபவர்களை பல்கலைக்கழகங்களில் ஆய்வுச்சூழல் விரட்டி அடித்து விடுகிறது. சிலர் தற்கொலை வரை கூட போகிறார்கள். பலவிதமான சிக்கல்கள். பேரறிஞர்களின் உரை அரங்கங்கள், ஆய்வுக்கட்டுரைகள் மாணவர்கள் எழுதி தயாரித்து வழங்கும் வாய்ப்புகளைத் தருகின்ற கருத்தரங்கங்கள்

இவை மிக முக்கியம். ஆனால் இவை வருகின்ற நிதியை எப்படி பிரித்துக் கொள்ளலாம் என்பதன் மீதான மோசமான அதிகாரச் சுரண்டலால், ஊழலால் வெறும் சம்பிரதாயமாகப் பட்டுவிட்டன. ஆய்வு இதழில் வெளிவரும் அளவிற்கு திறம்பட செய்யப்பட்ட, எழுதப்பட்ட அறிவியல் சித்தாந்தங்களை அந்த ஆய்வு மாணவர் தன் பெயரில் வெளியிட்டுவிட முடியாது. ஆய்வுக்கு வழிநடத்தும் பேராசிரியர்கள் பலர் இன்று அந்த அற்புதங்களை தன் பெயரில் கட்டாயப்படுத்தி வெளியிடுகின்ற வெட்கக்கேடான சூழலே இந்திய பல்கலைக்கழகங்களில் நிலவுகிறது.

ஏற்கெனவே கடந்த இருபது, முப்பது ஆண்டுகளாக பொறியியல் மருத்துவம் என்று கற்று ஆய்வுத்துறையையே நம் குழந்தைகளில் பலர் புறக்கணித்துப் பொருள் ஈட்டுவதே முன்னேற்றம் வெற்றி என்ற செம்மறி ஆட்டுமந்தை மனநிலையில் காணாமல் போனது உண்மை. அப்படி தப்பித்தவறி ஆய்வுத் துறைகளான இயற்பியல் வேதியியல் என அடிப்படை அறிவியலுக்கும் நுழைபவர்கள் காண்பது என்ன? இந்தியாவில் இன்று மூன்று முனைவர் பட்ட ஆய்வுகளில் இரண்டு போலியானவை அல்லது பட்டம் பெறவேண்டும் என்கிற நோக்கத்தைத் தவிர வேறு எந்த உயிரும் இல்லாத குப்பை. ஆகவே அவை பெரும்பாலும் இருப்பதைப் பார்க்கிறோம். நேர்மையான, தரம் வாய்ந்த ஆய்வுகளுக்கு அரசின் நிதிஉதவி பெருமளவு குறைந்து விட்டது. அது மட்டுமல்ல, அறிவியல் சார்ந்த பட்நாகர் விருது உட்பட 300 விருதுகளை நீக்கிவிட்டு ஒரே விருதான நோபல் போல் வழங்கப்படும் என்கிற அறிவிப்பும் இன்னும்

நம்முடைய அறிவியல் ஆய்வுச் சூழலை எந்த அளவுக்கு நீர்த்துப்போக வைக்கப்போகிறது என்பதை நினைக்கும் பொழுது அச்சமாக இருக்கிறது.

4. நோபல் அறிஞர்களின் நாடுகளும் கல்வியும்

இந்த ஆண்டு நோபல் அறிஞர்கள் சுவீடன், டென்மார்க், ஆஸ்திரியா, பிரான்ஸ் நாட்டைச் சேர்ந்தவர்கள் (அமெரிக்காவை விட்டுவிடுவோம்.)

இயற்பியல் நோபல் பகிர்ந்த பிரான்ஸ் நாட்டின் அலென் அஸ்பெக்ட் அந்த நாட்டின் 72வது நோபல் அறிஞர். பிரான்சின் பள்ளிகளிலும் பல்கலைக்கழகக் கல்வியிலும் மதிப்பெண்கேள கிடையாது. ஆறு படிநிலை தரச்சான்று தரப்படுகிறது. அறிவியல் பட்டப் படிப்பு என்பது ஆறு மாத ஆய்வக உதவியாளர் பணியிடப் பயிற்சியை உள்ளடக்கியது

மருத்துவ நோபல் அறிஞர், டார்வின் மரபியல் அறிஞர் ஸ்வந்த பாபு ஸ்வீடன் நாட்டைச் சேர்ந்தவர். அந்த நாட்டின் முப்பத்து இரண்டாவது நோபல் அறிஞர் அவர். அங்கு ஒருவர் கல்லூரி போகும்வரை தாய்மொழியில் மட்டுமே கல்வி கற்கிறார்கள். ஸ்கூல் வேர்காட் என்கிற அரசின் துறை ஆய்வு மாணவர்களை தத்தெடுத்து உலக அளவில் ஆய்வு மாணவர்கள் எங்கும் செல்வதற்கு செலவை அங்கே அரசே ஏற்கிறது.

வேதியியலில் நோபல் வென்ற மார்டன் மில்டன் டென்மார்க் நாட்டவர். வேதியியலில் நோபல் பரிசு பெறும் மூன்றாவது டென்மார்க்காரர். அங்கே பள்ளிக் கல்வியின் இறுதி ஆண்டில் குறைந்தபட்சம் 100 பக்கங்கள் கொண்ட ஆய்வு அறிக்கை விருப்பமான அறிவியல் துறை சார்ந்து சமர்ப்பிக்க வேண்டும் என்பது கட்டாயம். இத்தனைக்கும் இதுவரை 14

நோபல் அறிஞர்களைப் படைத்த அந்த நாட்டில் மொத்தமே எட்டு பல்கலைக்கழகங்கள் தான் உள்ளன.

அடுத்தது ஆஸ்திரியா நம்மைவிட பல மடங்கு சிறிய நாடு. இயற்பியலில் இந்த ஆண்டு நோபல் பரிசு பெற்ற ஆண்டன் சிலிண்டர் என்கிற அந்த மாமனிதர் அந்த நாட்டின் இருபத்து மூன்றாவது நோபல் அறிஞர். பாஸ் ஷோ சூலன் எனும் சிறப்பு பயன்பாட்டு அறிவியல் பல்கலைக்கழகம் அங்கு மிகப் பிரபலம். பாக்சோ சூலன் கல்வி சீர்திருத்தம் என்கிற ஒன்று அறிமுகமான பிறகு பயன்பாட்டு அறிவியல் ஆய்வுக்கூடங்கள் பட்டி தொட்டிகளில்கூட திறக்கப்பட்டன. அந்த ஆய்வகங்கள் தங்களுடைய ஊர்களின் பள்ளிகளோடு நேரடித் தொடர்பு உடையவை. பள்ளிப் பருவத்திலிருந்தே மாணவர்கள் அங்கு சென்று ஆய்வகங்களில் கோடை விடுமுறையில் சிறப்புப் பயிற்சிகள் பெறமுடியும். அறிவியல் என்றாலே ராக்கெட் விடுவதும் ஏவுகணை தயாரிப்பதும்தான் என்கிற நிலை அங்கு இல்லை.

5. கல்லூரி, பள்ளி இணக்கம் இங்கு ஏற்படுவது எப்போது

நாம் நமது கல்லூரி, பல்கலைக்கழகங்களை மட்டுமே குறை கூறமுடியாது. நம் பள்ளிக்கல்வி பொதுத்தேர்வு மையக் கல்வியாக இருப்பது முதல் சிக்கல். ஒரு 300 பக்க கணக்குப் பாடப் புத்தகத்தில் இருந்து மிக அவசியம் தேர்வுக்கு வரும் என்று 15-20 பக்கங்கள் குறைந்தபட்ச பாடப்பகுதி என்று காலாண்டுத் தேர்வு முடிந்ததும் தரப்பட்டு தேர்ச்சி பெறுவதே ஒரே நோக்கம் என்று ஆக்கப்பட்டு விடுவது துயரம். இன்றைய நிலை என்ன? பெரும்பாலான கலை அறிவியல் கல்லூரிகளில்

கணிதத்தை ஒரு பாடமாகக்கொண்ட அறிவியல் பிரிவுகளான இயற்பியல், வேதியியல் போன்றவற்றைப் படிக்க ஆளில்லை. நீட் தேர்வு தோல்விக்குப் பிறகு ஏறத்தாழ ஒன்றரை லட்சம் தமிழ் இளைஞர்கள் கல்லூரியே போகாமல் நீட் போட்டித்தேர்வு பயிற்சி வகுப்புகளில் மீண்டும் ஓர் ஆண்டைக் கழிக்க நுழைந்து காணாமல் போய்விட்டார்கள் என்பது இன்னொரு அதிர்ச்சித் தகவல்.

பள்ளிக் கல்வித் துறைக்கும் உயர் கல்வித் துறைக்கும் ஓர் இணக்கமும் பிணைப்பும் ஏற்பட வேண்டும். பள்ளி மாணவர்கள் ஆய்வுத்திறனை மேம்படுத்த இன்ஸ்பையர் மானக்போலவும் தேசிய குழந்தைகள் அறிவியல் மாநாடுபோலவும் மேலும் பல திட்டங்களோடு அந்தந்த ஊர் கல்லூரிகள் இணைந்து பள்ளிக்குள் நுழைய வேண்டும். புத்தக அறிவை கடந்து செயல்பட பள்ளிப் பருவத்திலிருந்தே மாணவர்கள் ஊக்குவிக்கப்பட வேண்டும். நிஜமான முனைவர்பட்ட ஆய்வு முயற்சிகளும் நோபல் பெறும் அளவுக்கான திருப்புமுனைக் கண்டுபிடிப்புகளும் சுய சிந்தனை மற்றும் தேடல் சார்ந்தவை.

வெற்று மனப்பாடப் பொதுத்தேர்வு மதிப்பெண் கல்வியை தூக்கி எறியாமல் இருக்கும் வரை பிரதமர் இந்திராவுக்கு அன்று அந்தச் சிறுமி எழுப்பிய கேள்விகளுக்கு இன்னும் எத்தனை நூற்றாண்டு ஆனாலும் நம்மால் சரியான பதிலைத் தர முடியாது என்பதே துயரமான உண்மையாகும்.

ஒரு நிப்பாண்டியின் தொழில்நுட்ப சாகசங்கள்!

ஆல்பர்ட் ஐன்ஸ்டீன் பேனா, மகாத்மா காந்தி பயன்படுத்திய பேனா, நமது அரசியல் சட்டத்தை அண்ணல் அம்பேத்கர் எழுதிய பேனா இவற்றை ஆய்வு செய்த ஒரு நிப்பாண்டியின் கதை இது.

எந்த இயற்பியல் பொருளாவது உயிர் வாழுமா? ஆனால் நீரூற்றுப் பேனா ரிப்பேர்க்காரர் தனது பேனாக்களோடு பேசுவதை நான் பார்த்திருக்கிறேன். அவருக்கு ஓம்ஸ் விதி தெரியாது. ஆனால் நேனோ தொழில்நுட்பம் தெரியும். நிப்பை அதாவது நாக்கைப் பயன்படுத்தி நிறமி மை கொண்டு எழுதும் கருவியான நீரூற்றுப் பேனா எனும் பவுன்டேன் பேனாவை இன்று யார் சார் பயன்படுத்துகிறார்கள் என்று நீங்கள் கேட்கலாம். காகிதத்தின் பயன்பாடே இன்று இல்லை. இந்தக் கைபேசி யுகத்தின் குறுஞ்செய்தி ஆட்சியில் எழுதுவது மரபொழிந்து போனபோதும் பள்ளி, கல்லூரிகளில் தேர்வு எனும் நீங்கா சாபம் நிலைபெற்று இருக்கும்வரை பேனாக்கள் இருக்கும். ஆனால் நீரூற்றுப் பேனா? அந்த நிப்பாண்டியின் கதையே தனி.

இன்று விதவிதமாக பேனாக்கள் வந்துவிட்டன. நம்மால் நம்பமுடியாத வகை அதிசயப் பேனாக்கள் எல்லாம் வந்துவிட்டன. பிளாக்லைட் பேனா என்று சென்ற வாரம் ஒன்றைப் பார்த்தேன். அஞ்சு ரூபாய்தான். எங்கள் ஊர் வழியாக இரவும் பகலும் நடந்து வேளாங்கண்ணி போகும் தேவமாதா (ஆண்டவர் உங்களோடு இருப்பாராக) கொடி அன்பர் ஒருவர் நள்ளிரவு இருட்டில் வெளிச்சமே

இல்லாத இடத்தில் தனது பாக்கெட் நோட்டில் எதையோ எழுதிக்கொண்டிருந்தார். இருட்டில் அவர் எழுதியது ஒளி வீசியது. இரவு சிற்றுண்டி, வாழைப்பழம்-37 ரூபாய் வழிச் செலவுக் கணக்கு எழுதும் அன்பர். இப்படி இருட்டிலும் ஒளிரும் எழுத்தா? நான் சிவப்பு மைக்காரன் (வாத்தியார் சார்... அதைச் சொல்றேன்), நீலம், கருப்பு வண்ண மை பேனாக்கள் சகஜம் பச்சை அதிகாரி பேனா. ஆனால் பொன்னிற ஒளியில் நான் பார்த்தது கிடையாது. எட்டாம் வகுப்போ என்னவோ வீட்டில் கிடைத்த சவுக்காரம், நீலம், மஞ்சள்பொடி, குங்குமம் கலந்து பிங்க் அல்லது ஊதா நிற மை கண்டுபிடித்து அசத்திய நான், 'எல்லாம் கிருபை' என்றவரிடம் சரண்டர் ஆனேன்.

என் தேடல் வெறி காரணமாக அந்தப் பேனாவை அன்பரிடம் வாங்கி ஒரு கைபேசி கிளிக்! இதனால் கூகுள் இத்யாதி அறிவித்தது என்னவென்றால் அது பாஸ்பொரொசென்ட் பேனா. பிளாக்லைட் வகையறா. கருப்பு ஒளியில் மிளிரும் மின்காந்த நிறமாலையின் புறஊதா பிரிவில் ஒளிக்குப் பதிலளிக்கும் நிறமிகள் குலத்தைச் சேர்ந்தது. இது கண்டுபிடிக்கப்பட்ட கதை மஞ்சுமூனா பாய்ஸ் கதையைவிட திரில். ஜோசப் ஸ்விட்சர், ராபர்ட் சுவிட்சர் என இரட்டையர்.

இவர்களில் ராபர்ட் பெரிய விபத்தில் சிக்குகிறார். பின் மண்டை ஓட்டில் பலத்த அடி. இதன் விளைவாக பார்வை நரம்பு கட். வினோதமான நாள்பட்ட வியாதியில் சிக்குகிறார். மூலம்-பவுத்திரம் வகையைவிட மோசமான நோய். சூரிய ஒளி அல்லது எவ்வகை வெளிச்சத்தைப் பார்த்தாலும் அலறினார். எனவே மருத்துவர்கள் அவரை இருட்டறையில் அடைத்து சிகிச்சை அளித்தனர்.

இந்த நிலையில் அண்ணன் ஜோசப் அறிமுகம் ஆகிறார். அவர் கலிபோர்னியா பல்கலைக்கழகத்தில் வேதியியல் துறை மாணவர். தொடங்கியது சேட்டை.

முதலில் விதவிதமான கூலிங்கிளாஸ் முயற்சி. பிறகு இயற்கையாகவே இருட்டில் ஒளிரும் கரிமச் சேர்மங்களைக் தேடும் தங்கள் தந்தையின் மருந்துக் கடையில் சோதனைகள். மருந்துக் கடையையே இருட்டாக்கி ஒரு குட்டி ஆய்வுக்கூடம். 75 வகை ஆய்வுகளுக்குப் பிறகு ராபர்ட் இருட்டில் படிக்கும்படி புளோரசென்ட் வகை பேனா மை மற்றும் பேனா அடையப்பட்டது. வருடம் 1930. அதுதான் இன்று வேளாங்கண்ணி யாத்திரையை 'எல்லாம் (அறிவியலின்) கிருபை' ஆக்கி உள்ளது.

நீங்கள் எப்போதிருந்து பேனா பிடித்தீர்கள்? எனக்கு ஒண்ணறை வயதில் அறிமுகமானது. அதெப்படி நினைவிருக்கும் என்றால் தாத்தா பேனாவோடு 'விளையாடி' (நிப்பை முழுங்கியவன் என்று இன்றுமுதல் அழைக்கப்படுவீர்கள்) பட்டம் வென்று மருத்துவர் கவனம் பெற்று நிப்பாண்டி ஆனவன் நான். இன்றும் நாம் அறிந்த நவீன நீரூற்றுப் பேனா 1884-ல் லூயிஸ் வாட்டர்மேன் என்பவரால் காப்புரிமை பெற்றது. காப்புரிமை வேறு, கண்டுபிடிப்பு வேறு என்று அறிவியல் பலமுறை நிரூபித்துள்ளது. உதாரணமாக 1827-லேயே பெர் ராசே பெனாரூ எனும் ருமானிய ராணுவ வீரரால் கண்டுபிடிக்கப்பட்டதற்கு ஆதாரமாக ஒரு பேனா புக்காரஸ்ட் அருங்காட்சியகத்தில் உள்ளது. 1821இல் ருமானிய புரட்சித்தளபதி விளாதிமிர் ரெஸ்ச்சுவின் படையில் வீரராக இருந்த பெனாரூ போரில் பயந்து (புறமுதுகு காட்டி) அலறியடித்து ஓடியபோது பிடித்துச் சென்று தளபதி முன் நிறுத்தப்பட்டார். அவரது உடலை

சோதனை இட்டபோது பிடிபட்டது அவரே செய்து வைத்திருந்த நீரூற்றுப் பேனா. அவரது அருமை புரிந்த தளபதி அவரை ஏதும் செய்யாது பேனா உலகை இந்த நிப்பாண்டியை வைத்து உயிர்ப்பித்தது வரலாறு.

அதென்ன நீரூற்றுப் பேனா? முன்பிருந்தது வெறும் மைமூழ்கிப் பேனா. பழைய சித்திரங்கள், கதைகளில் பார்த்திருப்பீர்கள். மை பாட்டிலில் முக்கி எடுத்து எழுதுவார்கள். அதிலிருந்து நீரூற்றுப் பேனா முற்றிலும் வேறுபடுகிறது. மைமூழ்கிப் பேனா தந்துகி கவர்ச்சி மூலம் காற்றழுத்தத்தை மேல்நோக்கி விசையாக்கி குப்பி மையை நிப்பால் உறிஞ்சுகிறது. பிறகு எழுதும்போது அது சீராக மையை காகிதத்தில் பரவிட வைக்க வேண்டும். ஆனால் ஹோமர் முதல் சார்லஸ் டிக்கன்ஸ், நம்ம அருட்பிரகாச வள்ளலார் வரை மை குப்பிப் பேன தான். அவர்கள் திணறிய திணறலுக்கு அளவே கிடையாது. காகிதம் அப்போதெல்லாம் விலை உயர்ந்த சரக்கு. ஒரு வரி நன்றாக வந்தால் மறுவரி மை கொட்டிவிடும். மை குப்பிப் பேனா, மை உறிஞ்சும் தாள் சேர்த்தே செய்வார்கள்.

நீரூற்று பேனா அதற்கு நேர்எதிர். நீரூற்றுப் பேனாகாரர்களின் அறிவியல் அலாதியானது. பல ஊர்களில் அப்போதெல்லாம் கைக்கடிகாரம் செய்பவர்தான் நீரூற்றுப் பேனாக்காரராகவும் இருந்தார்கள். நீரூற்றுப் பேனா நீர்த்தேக்கம் போல மை தேக்கம் எனும் குழாய்த் தொட்டி கொண்டது. இந்த மை தேக்கத்தில் இருந்து அது மையை ஓர் ஊட்டத்தின் வழியே நிப்பிற்கு இழுக்கிறது. ஈர்ப்பு மற்றும் தந்துகி விசைமூலம் காகிதத்தில் மையை இடுகிறது. காகிதம் எத்தனை வழவழப்பானதாக

இருந்தாலும் அதில் நுண்துளைகள் உண்டு. இந்த நுண்துளைகளில் மை நிரம்பி உடனடியாக காய்ந்துவிடுவதால் நமக்கு எழுத்தும், வடிவங்களும் கிடைக்கின்றன.

உடனடியாக மை காயாமல் போனால் திப்பி திப்பியாக எழுத்து கலைந்து வீணாகும். லியோனார்டோ டாவின்சியின் மறுமலர்ச்சிக் காலத்தில் மை தேக்கத்தில் இருந்து புவியீர்ப்பு மற்றும் தந்துகி செயல்மூலம் உறிஞ்சும் அமைப்புகளை விவரிக்கும் குறுக்கு வெட்டுக்களுடன் கூடிய வரைபடங்களும் உள்ளன. எனவே அவரை வரலாற்றின் முதல் நிப்பாண்டி என முன்மொழிகிறேன். பள்ளி, கல்லூரி நாட்களில் நிப்பை சரிக்கட்ட பேப்பரை கிழிக்காமல் இருக்க முகம் பார்க்கும் கண்ணாடிமீது தேய்த்து தீத்தியது உங்களுக்கு ஞாபகம் வருமானால் அந்த முறையை கண்டுபிடித்தவர் டாவின்சிதான். கண்ணாடியில் தீட்டினால் நிப்பை பட்டையாக மாவு மாதிரி வழவழப்பாக எழுத வைக்கலாம். இந்த முயற்சி மூலம் அன்று யாவருமே நிப்பாண்டிகளானது சிறப்பு.

நீரூற்றுப் பேனாவின் மற்றொரு முன்னோடி ஜான் ஜேக்கப் பார்க்கர். 1832லேயே நிப்பிற்குப் பின் இருக்கும் நாக்கு அல்லது ஊட்டியை அறிமுகம் செய்து காப்புரிமையும் பெற்றார். அவரது பேனாவின் சிறப்பு ஒரு திருகு-இயக்க பிஸ்டன் ஆகும். அத்துடன் ஒரு சுய நிரப்பியும் உண்டு. இன்றும் பார்க்கர் நீரூற்றுப் பேனா பிரபலமாக இருப்பதற்குக் காரணம் அதன் நிப்புகளை ஆஸ்மீனியம், ருத்தேனியம், இரிடியம் என்று விதவிதமான உலோகங்களால் செய்து தங்கமூலாம், வெள்ளி மூலாம் பூசி அசத்தினார்.

ஊட்டி என்பது பேனாவின் முனையை அதன் மை தேக்கத்துடன் இணைக்கும் கூறு ஆகும். இதைக் கட்டுப்படுத்தப்பட்ட கசிவு என்றும் அழைக்கிறார்கள். மை உறிஞ்சப்படும்போது இழந்த மைக்குப் பதிலாக நீர்த்தேக்கம் வரை பின்னோக்கிப் பாயும் காற்றின் அளவையும் இந்த ஊட்டி எனும் நாக்கு ஒழுங்குபடுத்துகிறது. ஊட்டமானது அதன் கீழ் விளிம்பில் இயங்கும் குறுகலான சேனல்கள் அல்லது பிளவுகளைப் பயன்படுத்துகிறது. இந்தப் பிளவுகளில் மை பாய்வதால் காற்று ஒரே நேரத்தில் சமஅளவு பரிமாற்றத்தில் நீர்த்தேக்கத்திற்குள் மேல்நோக்கிய பாய்ச்சலை ஏற்படுத்துகிறது. மை சொட்டாமல் அல்லது கசிவதைத் தடுக்க ஊட்டங்கள் முக்கியமானவை. இதுதான் நிப்பின் ஈரப்பதத்தைப் பேணுகிறது.

நிப்பாண்டிகள் நிப்டிப்பிங் என்கிற ஒன்றை 1950களில் அறிமுகம் செய்தார்கள். பெரும்பாலும் இரிடியம் முனை. சிலசமயம் ரீனியம், ருத்தேனியம், டங்ஸ்டன் முனைகளும் உண்டு. நேனோ துகள்களாக்கி உலோகத்தை நிப்பில் பிளவை வெட்டியபிறகு உருகுநிலை வடிவதற்குள் நிப்பின் நுனியில் அறைத்துப் பற்றவைக்கும் மிக மிக நுணுக்கமான முறையில் நிப்-டிப்பிங் செய்யப்படுகிறது. டிப்பிங் வேண்டாம், முழு நிப்பே டிப்பிங்தான் என்றால் எப்படி இருக்கும் அப்படி வந்ததுதான் ஹீரோ பேனா.

இன்று குச்சி மை பேனா ஒரு ரூபாயில்கூட இருக்கிறது. பால்பாயிண்ட், ரூபாய் இரண்டு. ஆனால் ஹீரோ பேனா மோகம் இன்றும் உண்டு. தயாரிப்பது சீன நாடு. ஷாங்காய் ஹீரோ பேனா சீன நிறுவனம். இதன் சீனப் பெயர் ஹவ்ஃபு (Haufu). ஹான்யூ பின்யீன் மொழியில் ஹவுஃபு என்றாலே

பேனாதானாம். ஹீரோ அதிலும் ஹீரோ 616 அல்லது ஹீரோ 100. ஜென்டில்மேன் ஹீரோ பாக்கெட்டில் இருந்தால் எங்கள் கல்லூரிக் காலத்தில் ஒருவரை கையில் பிடிக்கமுடியாது. என்னிடம் ஹீரோ 329 ரொம்ப காலம் இருந்தது. இது பார்க்கர் 51-ன் அச்சசல் காப்பி என்று ஒரு கட்டுரை படித்தேன். சீன நீரூற்றுப் பேனாக்களின் கவர்ச்சி அவற்றில் உள்ள வெற்றிட மை நிரப்பிக்குழாய். மை கையில் படாமல் நிரப்பலாம் (அதே ஸ்டைலில் நண்பனிடம் மை கடனும் பெறலாம்.)

இந்தியாவின் நீரூற்று பேனாக்களில் கூப்டுஸ் நீரூற்று பேனாக்கள் 1911 முதலே தயாரிக்கப்பட்டது அற்புதம். இது நமது நிப்பாண்டியான பெனிந்திரநாத் கூப்டு என்பவரால் ஒரு சிறு கீத்துக்கொட்டகையில் தொடங்கப்பட்டது. அதைவிட முன்னதாக 1909இல் பாலகங்காதர திலகர் நீரூற்றுப் பேனாவை வைத்திருந்தார். இது டாக்டர் ராதிகாநாத் சாஹாவால் தயாரிக்கப்பட்டது என்று சொல்கிறார்கள். ஆனால் நீரூற்றுப் பேனாக்களின் காப்புரிமை விஷயத்தில் வாரணாசி லட்சுமி ஸ்டைலோ பென் ஒர்க்ஸ் எனும் நிறுவனம் முந்திக்கொண்டு 1912லிருந்து பேனா உற்பத்தியை தொடங்கியது. ஒருவர் ஆர்டர் கொடுத்துவிட்டு ஆறுமாதங்கள் காத்திருக்க வேண்டும். 1932ல் ராஜமுந்திரி நிப்பாண்டியான கே.வி. ரத்தினம் என்ற ஒருத்தர். மகாத்மா காந்தி அவரை அழைத்து உள்ளூர் நீரூற்றுப் பேனா தயாரிக்க ஊக்கப்படுத்தினார்.

இதனால் இயந்திரம் இன்றி கையால் செய்த 'ரத்னம் நீரூற்றுப் பேனா' என்பதன் முதல் தயாரிப்புப் (பேனா) 1935ல் மகாத்மா காந்திக்கு வழங்கப்பட்டது. 'ரத்னம் பேனா' சுதேசி அந்தஸ்து பெற்றது

இப்படித்தான். நம்ம ஊர் நிப்பாண்டியான ராஜமுந்திரி ரத்னம் தரமான மையும் தயாரித்தார். ஆனால் விரைவில் கருங்கல் எபோனைட்- நீரூற்றுப் பேனாக்கள் நானிகோபால் மைத்ரி என்பவரால் அறிமுகமாகின.

சென்னை ஜார்ஜ் டவுனில் 1920-லேயே எம்.சி. குன்னன், வெங்கட்ரங்கன் ஆகியோர் ஏற்கெனவே நீரூற்றுப் பேனாக்களை உற்பத்தி செய்ய பட்டறைகள் வைத்திருந்தனர். பயனாளர்கள் பெரிய மனிதர்கள். ஒரு சிறு மூங்கில் கழியில் எழுதுவதுபோல பிடிக்கவைத்து அவரவர் கைக்கு அளவெடுத்து வெங்கட்ரங்கன் நீரூற்றுப் பேனா செய்வார் எனில் அவர் எப்பேர்ப்பட்ட நிப்பாண்டியாக இருக்க வேண்டும். துவாரதாஸ் சாக்வி, வல்லப தாஸ் சாக்வி இரட்டையரின் நீரூற்றுப் பேனா இந்தியா வந்த சார்லஸ் இளவரசருக்கு வழங்கப்பட்டது.

வெங்கட்ராமன் நீரூற்றுப் பேனா பிடித்தவர்களில் நேரு, தாகூர், சுபாஷ் சந்திரபோஸ், டாக்டர் ராஜேந்திர பிரசாத் என்ற பலர் உண்டு. பாபாசாகிப் அம்பேத்கர் நமது அரசியல் அமைப்புச் சட்டத்தை எழுதியது வில்சன் நீரூற்றுப் பேனா என்பதை வைத்துதான். 1941ல் இந்தியாவில் தயாரிக்கப்பட்ட மிகப் பிரபலமான நீரூற்றுப் பேனா, வில்சன் வாக்குமாட்டிக் பேனா துவாரகதாஸ் சகோதரர்களின் பங்களிப்பு. திருவள்ளூர் எம்.எஸ்.பாண்டுரங்கன் எனும் அபாரமான நீரூற்றுப் பேனாக்காரர் ரங்கன் பென்ஸ் என்று 1970-ல் அறிமுகம் செய்தார். இந்த நிப்பாண்டியின் கையில் மூங்கில் கழிகள் நீரூற்றுப் பேனாக்களாகி மிளிர்ந்தன. கவியரசு கண்ணதாசன் முதல் கலைஞர் வரை ரங்கன் நீரூற்றுப் பேனாவை தமிழகம் வரலாற்றுச் சின்னமாக்கியது.

நீரூற்றுப் பேனா பற்றி யார் அறிவாளி என அப்துல்கலாம் ஒரு ஜோக் சொல்வது உண்டு. அப்துல்கலாம் பயன்படுத்தியது வில்சன் நீரூற்றுப்பேனா அது அவரது ஆசிரியர் அவருக்குப் பரிசாகக் கொடுத்தது. ஜோக் இதுதான். நாஸா விண்வெளிக்கு மனிதர்களை அனுப்பிய புதிதில் அங்கே விண்வெளியில் எழுதி குறிப்பெடுக்க நீரூற்று பேனா பயன்படாது என்பதைக் கண்டது. ஈர்ப்புவிசையே இல்லாத இடத்தில் பால்பாயிண்ட் முதல் ஸ்டிக் பேனா வரை எழுவுமே எழுதாது என்பதைக் கண்டு 16 மில்லியன் டாலர் வரை செலவு செய்து விண்வெளியின் ஜீரோ கிராவிட்டி முதல் தண்ணீருக்குள் எழுதினாலும் எழுதும் ஸ்பேஸ் பேனாவை ஆறாண்டுகள் உழைத்து கண்டுபிடித்தார்கள் அமெரிக்கர்கள். ரஷ்யர்கள் இதெல்லாம் அதுவும் செய்யவில்லை. அவர்கள் பென்சில்களை பயன்படுத்தினார்கள். யார் புத்திசாலி?

ஆனால் இந்த ரஷ்யர்கள்தான் இருபக்கமும் எழுதும் லோயுஸ் மாஸ்கோ 80 ரக அதிநவீன உலகிலேயே விலை உயர்ந்த நீரூற்றுப் பேனாவை அறிமுகம் செய்தார்கள். 14 காரட் தங்கத்தாலான நிப். மற்றும் நிப்-டிப்பிங். மை நிரப்பியாக பிஸ்டன் இழுவைமுறை. ஆனால் இருபுறமும் நிப் எழுது வசதி என அற்புத பிரமாண்டம் இந்த லோயுஸ் மாஸ்கோ 80 ரக நீருற்றுப் பேனா. இந்தப் பேனாக்களின் நிப்பாண்டிகள் இன்னொரு வேலையும் செய்தார்கள். உங்கள் நீரூற்றுப் பேனா நிப்பில் உங்கள் பெயர் பொறிக்கப்பட்டிருக்கும். லென்ஸ் வைத்துப் பார்க்கலாம்.

ஆல்பர்ட் ஐன்ஸ்டீன் (பெலிக்கன் 100N மற்றும் வாட்டர்மேட் டேப்பர் நீருற்றுப் பேனா) சர்.சி.வி. ராமன்

(வாட்டர்மேன் 106 நிப்டிப் நீருற்றுப்பேனா) மேரி க்யூரி (963 அல்லாய் நீருற்றுப் பேனா), சார்லஸ் டார்வின் (சுயமாக ஆர்டரில் செய்த எஸ்டி நீருற்றுப் பேனா) என்று ஒரு 100 விஞ்ஞானிகள் பயன்படுத்திய நீரூற்றுப்பேனா. இந்தப் பேனாக்களின் பட்டியல்கூட சேகரித்து வைத்திருக்கிறேன் (தேவைப்படும் நிப்பாண்டிகள் அணுகவும்).

எத்தனை வகை பேனாக்கள் வந்தாலும் வகைவகையாக ஆன்லைனிலேயே தட்டச்சு செய்தாலும்... வாயிஸ் டைப்பிங் முதல் ஆட்டோ கரெக்ஷன் வரை போனாலும் நிப் முதல் அடி... மூடி... கழுத்து என்று தனித்தனியே பிரித்துப் போட்டு குவளை நீரில் வாரந்தோறும் ஒரு வாஷ் செய்து பில்லராங் மை நிரப்பிய அந்த நிப்பாண்டி கால அறிவியல் சாகசங்களை மிஞ்ச முடியாது.

நீருற்றுப் பேனா விஷயத்தின் லேட்டஸ்ட் வரவு 2015ல் நான் வாங்கிய பைலட் பேனா. இந்தக் கட்டுரையை அதைக் கொண்டுதான் எழுதிக்கொண்டிருக்கிறேன். பைலட் நீருற்று ஜப்பானிய நிறுவனத் தயாரிப்பு. 1932லிருந்து கிடைக்கிறது. ரியோசுக்கி நாமிக்கி என்று டோக்கியோ நாட்டிக்கல் கல்லூரிப் பேராசிரியர் 1915ல் தனது பதவியை ராஜினாமா செய்துவிட்டு தங்க – நிப்புகள் தயாரிக்கத் தொடங்கியபோது பைலட் பிறந்தது. 2015 முதல் நான் எழுதிவரும் பைலட் முழுதும் வீசி எறியப்படும் பிளாஸ்டிக் மினரல் குடிநீர் பாட்டில்களை மறுசுழற்சி செய்து தயாரிக்கப்படும் சூழலியல் அம்சம் கொண்டது என்பதே அதன் சிறப்பு.

•••••••••••••

ராக்கெட் அனுப்புவது மட்டும்தான் அறிவியலா?

சர்வதேச ராக்கெட் அரசியலில் இந்தியா

சந்திராயன் வெற்றி, ஆதித்யான் வெற்றி இவைபற்றி நாம் குறைத்து மதிப்பிடவில்லை. நிலவின் தென் முனையில் தனது உலாவியை இறக்கிய முதல் நாடு. சூரியனை சில லட்சம் மைல் அருகாமையில் ஆய்வு செய்த நான்காவது நாடு. 2013ல் மங்கல்யான் மற்றும் பலரும் அறியாத 2015 இஸ்ரோ நிகழ்த்திய விண்ணின் புறஊதா கதிரியக்கத்தையும் எக்ஸ் கதிர்வீச்சு மூலத்தையும் சேர்த்தே ஆய்வு செய்யும் ஒற்றை செயற்கைக்கோள் அஸ்ட்ரோ-சாட் (அப்படி நிகழ்த்திய மூன்றாம் நாடு இந்தியா) வெற்றி என்று நாம் அடுக்கிக்கொண்டே போகலாம். ஒவ்வொன்றும் நூற்றுக்கணக்கான கோடி ரூபாய் பட்ஜெட் கொண்டவை.

சர்வதேச ராக்கெட் அரசியலில் நமக்கு இருக்கும் நெருக்கடிகள் ஏராளம். உதாரணமாக இன்று விண்வெளியில் மொத்தம் 3,378 செயற்கைக்கோள்கள் வானை வலம் வருகின்றன. அதாவது பணியில் உள்ளவை. அவற்றில் 1878 செயற்கைக்கோள்கள் அமெரிக்காவுடையவை. அடுத்த இடத்தில் சீனா (405) உள்ளது. ரஷ்யா (174), இங்கிலாந்து (164), ஜப்பானுக்கு (82). அடுத்தபடியாக இந்தியா 61 செயற்கைக் கோள்களுடன் ஆறாம் இடத்தில் தற்போது உள்ளது. நம்மைவிட பொருளாதார வாழ்க்கைத் தரத்தில் உயர்ந்துள்ள பிரான்ஸ், ஜெர்மனி உட்பட பலர் இந்தப் பட்டியல் போட்டியில் இல்லை.

2019ல் அப்போதைய அமெரிக்க அதிபர் டொனால்ட் டிரம்ப் அமெரிக்க விண்வெளிப் படை என்கிற ஒன்றை உருவாக்கிவிட்டதாகவ‘ும் விண்வெளி இனி யுத்தகளம் என்றும் அறிவித்தார். உடனே நம் நாடு விண்வெளி ஏவுகணை ராக்கெட் மிஷன் சக்தியை அதே 2019

ஜூலையில் செலுத்தி ஒரு செயற்கைக்கோளை வீழ்த்திவிட்டதாக பிரதமர் தொலைக்காட்சியில் தோன்றி அமெரிக்கா, ரஷ்யா, சீனாவுக்குப் பிறகு நாம் (இந்தியா) மட்டுமே அதைச் சாதித்ததாக அறிவித்தார். டென்மார்க், ஜப்பான், சுவீடன், ஏன் இஸ்ரேல், சவூதி என்று எந்த நாடும் இந்த போட்டிப் பட்டியலில் இல்லை.

போட்டியில் இல்லாத நாடுகளின் அறிவியல் வளர்ச்சி

செயற்கைக்கோள், விண் – ஏவுகணை என எதிலும் கோடிகளைக் கொட்டாத மேற்கண்ட நாடுகளில்தான் ஏனைய அனைத்து அறிவியல் துறைகளும் அசுர வளர்ச்சி கண்டுள்ளன. டென்மார்க், பிரான்ஸ், சுவீடன் இன்று பருவநிலை மாற்ற ஆய்வுகளில் முன்னணியில் உள்ள நாடுகள் ஆகும். ஜெர்மனியும் கியூபா மற்றும் இஸ்ரேலும் புற்றுநோயை முற்றிலுமாக வெற்றி கண்டுள்ளன. நம் நாடு இஸ்ரோவுக்குத் தரும் அதீத முக்கியத்துவம் சி.எஸ்.ஐ.ஆர். எனும் இந்திய அறிவியல் தொழில்துறை ஆய்வு நிறுவனத்திற்கோ, ஐ.சி.எம்.ஆர். எனும் இந்திய மருத்துவ ஆராய்ச்சி நிறுவனத்திற்கோ ஏன் தருவது இல்லை என்பது பெரிய புதிராகவே உள்ளது. சமீபகாலமாக இந்த நிறுவன ஆய்வுகளுக்கான நிதி ஒதுக்கீடுகூட பெரும்பாலும் நிறுத்தப்பட்டுவிட்டதாக வரும் தகவல்கள் அதிர்ச்சியூட்டுகின்றன.

இஸ்ரோவுக்கு மட்டும் வரும் அங்கீகாரம்

இஸ்ரோவின் விஞ்ஞானிகளே பத்ம விருது போன்ற பெரிய அங்கீகாரம் பெறுகிறார்கள். இவர் தமிழகத்தைச் சேர்ந்தவர், அவர் அரசுப்பள்ளி என இஸ்ரோ விஞ்ஞானிகள் ஊடக கதாநாயகர் ஆவது தவறில்லை. கோவிட் தடுப்பூசி, கோவாக்ஸின் கண்டுபிடிப்பில் கேரளத்தின் மெல்வின் ஜார்ஜ், ஒடிசாவின் டாக்டர் சத்யஜித் இருவரோடு இணைந்து பெரிய வெற்றியை சாதித்துக்கொடுத்த தமிழகத்தின் டாக்டர்

ஆர். பாலாஜியையாவது கொண்டாடி இருக்க வேண்டாமா என்பதே கேள்வி.

உலகிலேயே அதிகக் கண்டுபிடிப்பு உரிமங்கள் வைத்திருப்பதில் 2971 உரிமங்களுடன் சி.எஸ்.ஐ.ஆர்., இரண்டாம் இடத்தில் உள்ளது. மஞ்சள், வேப்பஎண்ணெய் போன்ற இயற்கைத் தயாரிப்பின் உரிமத்தைக் களவாட சர்வதேச சதி நடந்தபோது நம் விவசாயிகளுக்காக அதைப் போராடிப் பெற்றது சி. எஸ்.ஐ.ஆர்.தான். 2009ல் மனித மரபணுக் கட்டுடைப்பில் உலகையே அசரவைத்த சி.எஸ்.ஆர். விஞ்ஞானி டாக்டர். வினோத் மற்றும் அவரது குழுவிற்கு ஊடக அங்கீகாரம் எதுவுமில்லை. அயல்விருதுகள் - ஜெர்மனி, டான்சானியா விருது பெற்றார். ஜெனோமிக்ஸ் துறையில் இன்றும் உலக அளவில் பேசப்பட்டாலும் நம் தமிழகத்தைச் சேர்ந்த அவருக்கு இங்கே எந்த அங்கீகாரமும் கிடையாது. விவசாயத் துறைக்கு முதல் டிராக்டர் வாகனத்தை நம் இந்திய வயல்வெளிக்குத் தகுந்தாற்போல (ஸ்வராஜ்) தயாரித்து சி.எஸ்.ஐ.ஆர்., மிகக்குறைந்த விலைக்கு வழங்கியது என்பது ராக்கெட் விடுவதற்கு இணையான சாதனையாக ஏன் பார்க்கப்படுவது இல்லை?

நம் தளவாட இயல் ஆய்வகம் (டி.ஆர்.டி.ஓ.) சமீபத்தில் இந்திய ராணுவத்திற்கு புதிய ஆயுத ஊடுருவல் கண்டுபிடிப்பு ரேடார் (டபிள்யூ.எஸ்.ஆர்.) வழங்கியதோடு நமது பெரு நகரங்களின் காற்று மாசைக் கண்டறிய எளிய கதிர்வீச்சு அளப்பானான இன் மாஸ் கருவியையும் தந்துள்ளது. தனது இராணுவ மருத்துவ ஆய்வகத்திலிருந்து டி.ஆர்.டி.ஓ., விபத்தில் காயம் பட்டு ரத்தப்போக்கு இருக்குமிடத்தில் தடவும்போது உடனே செயல்பட்டு ரத்தப்போக்கை நிறுத்தும் ஒரு நேனோ மருத்துவ அதிசயம். நேனோஇன் மாசிஸ் களிம்பு இன்று சர்வசாதாரணமாக 108 ஆம்புலன்சில் உள்ளது. இதை அடைந்த குழுவின்

லெட்டினென்ட் டாக்டர். தெய்வசிகாமணியை எத்தனை பேருக்குத் தெரியும். இப்படியான சாதனைகளை நமது தினசரி இதழ்களோ, இணையமோ, வாட்ஸ்ஆப் குழுக்களோ கொண்டாடுவதே இல்லையே, ஏன்?.

அனைத்து அறிவியலையும் கொண்டாடுவோம்

இஸ்ரோ தவிர ஏனைய ஆய்வு நிறுவன விஞ்ஞானிகள் கோடிக்கணக்கான இந்தியர்களை கோவிட் பேராபத்திலிருந்து காப்பாற்றிய கோவாக்சின் - கண்டுபிடிப்பாளர்கள் உட்பட யாரும் திருப்பதிக்குச் சென்று மொட்டை போட்டதாகவோ, ஏன் குறைந்த பட்சம் தேசியக் கொடியோடு மீம்ஸ் எதிலும் இடம் பெற்றதாகவோ, கூட நாம் பார்த்தது கிடையாது. நிலாவின் தென் துருவத்தில் விக்ரம் லாண்டர் இறங்கியது ஒரு சரித்திரம் என்பதை யாரும் மறுக்கவில்லை. மேற்கண்ட ஏனைய சாதனைகளும்கூட கொண்டாடப்பட வேண்டுமா என்பதே கேள்வி. சூரியனுக்கு ஆய்வு ஊர்தி அனுப்பியது சாதனை என்றால் இந்த 21ம் நூற்றாண்டிலும் பாதாளச் சாக்கடையில் மனிதர்களே இறங்கும் கொடுமையை முடிவுக்கு கொண்டுவர இந்தியன் ஆயில் நிறுவனத்தின் உதவியோடு விமல்கோவிந்த் எனும் அற்புத தஞ்சை இளைஞர் கண்டுபிடித்திருக்கும் கருவி அதைவிட கொண்டாடப்பட வேண்டிய சாதனை என்பதை மறுக்க முடியுமா?

இஸ்ரோ சாதனைகள்போல ஏனைய அற்புதங்களையும் பாராட்டி விருதுகள் கொடுத்து பாடப்புத்தகத்தில் இடம்பெறவைத்து அங்கீகரிக்க வேண்டும். ராக்கெட் விடுவது மட்டுமே அறிவியல் என்ற நெருப்புக்கோழி மனநிலைக்கு அடுத்த தலைமுறையை நாம் தள்ளிவிடும் ஆபத்திலிருந்து மீள அது ஒன்றே வழி என்பதை உணரவேண்டும்.

எங்கே இருக்கிறீர்கள்... பெண் விஞ்ஞானிகளே!

ஓராண்டிற்குப் பிறகு விருது அறிவிப்பு

இந்தியாவின் உயரிய அறிவியல் விருதான சாந்தி சொரூப பட்னாகர் விருதுகளை அறிவிக்காமல் அரசு நிறுத்தி வைத்தது. 250க்கும் மேற்பட்ட பல்துறை அறிவியல் உள்நாட்டு சாதனை விருதுகளையும் நிரந்தரமாக கலைத்துவிட்டதாகக்கூட அறிவித்தது. அனைத்தையும் சேர்த்து பாரத ரத்னாபோல ஒற்றை விருது முறையே அறிவியலுக்கு உகந்தது என்றுகூட பாராளுமன்றத்தில் அறிவித்தார்கள். பத்மஸ்ரீ, பத்ம பூஷன், பத்ம விபூஷன் என்று விரியும் உயரிய பத்ம விருதுகள்கூட ஆண்டுக்கு நம் குடியரசுத் தலைவரின் கைகளால் 120 விருதுகள் வரை வழங்கலாம் என்று ஒரு விதி இருக்கிறது. சாகித்ய அகாதெமி இலக்கியம், மொழிபெயர்ப்பு என ஆண்டுதோறும் குறைந்தபட்சம் அறுபது பேருக்கு விருதுகளை வழங்குகிறது. விளையாட்டுத்துறையை எடுத்துக்கொண்டால் கேல்ரத்னா விருதுகள், அர்ஜூனா விருது, துரோணாச்சார்யா விருது என்று 180 பேருக்குமேல் ஆண்டுதோறும் கவுரவிக்கப்படுகிறார்கள். ஆனால் அறிவியல் துறைக்கு 2021க்குப்பிறகு எந்த விருதையும் அறிவிக்காமல் காலம் தாழ்த்தி பல்வேறு நெருக்கடிகளுக்குப்பிறகு 2022 பட்னாகர் விருதுகள் என்று சென்ற வாரம் 12 பேருக்கு அறிவித்து இருக்கிறார்கள். பட்டியலில் ஒருவர்கூட பெண் விஞ்ஞானி இல்லை என்பது பெரிய அதிர்ச்சியை ஏற்படுத்தி இருக்கிறது.

இந்திய அறிவியலும் பெண்களும்

சர்வதேச அளவில் இதற்குமுன் சாதித்த இந்தியப் பெண் விஞ்ஞானிகள் பலர். சர்.சி.வி.ராமன் முதல் டாக்டர் ஏ.பி.ஜே. அப்துல்கலாம் உட்பட விக்ரம் சாராபாய், ஹோமி பாபா என்று விஞ்ஞானி என்றாலே அது ஆண்பால்தான் என்றாகிவிட்டது. மிகப்பெரிய துயரம். பெண்கள் ஆய்வாளர் ஆவதா என்று புறக்கணித்த சி.வி.ராமனுக்கே எதிராகப் போராடி தனி ஒருவராக தர்ணா செய்து பெங்களூரின் இந்திய அறிவியல் ஆய்வு நிறுவனத்தில் இடம்பிடித்து நம் நாட்டின் முனைவர் பட்டம் வென்ற முதல் பெண் எனும் பெருமையைப் பெற்ற கமலா எனும் அறிவியல் போராளியைப் பற்றி மட்டுமல்ல, தட்பவெப்ப அறிவியலின் ஏழு இந்திய வானியல் ஆராய்ச்சி (சென்னை உட்பட) நிறுவனங்களின் அடிப்படைக் கருவிகளை கண்டுபிடித்துக் கொடுத்த அண்ணா மணி, தொடங்கி உலக அளவில் இயற்பியல் துகளியலில் மிகப்பிரபலமாகி தன் பெயரில் ஒரு நட்சத்திரத்தைக் கொண்டுள்ள பீபா சவுத்ரி, இன்னும் செயற்கை கருத்தரிப்பு முறையை உலகிற்கே கொடுத்த இந்திரா ஹிந்துஜா, தனது நுண்கலை பொறியியல் மூலம் இந்திய இராணுவத்திற்கு 1950களில் ஆண்டனாக்களையும் வாக்கிடாக்கிகளையும் வழங்கிய முதல் இந்தியப் பெண் பொறியாளர் ராஜேஸ்வரி உட்பட நமது பாடப்புத்தகங்களில் ஒருவர்கூட இடம் பெறாதது மட்டுமல்ல (பாரத ரத்னாவை விடுங்கள்), ஓர் உள்ளூர் ரோட்டரி லயன்... அறிவியல் சங்க அங்கீகாரம்கூட கிடையாது. பெரிய போராட்டத்திற்குப் பிறகு 1977ல் மொராஜி தேசாய் பிரதமராக இருந்தபோது நமக்கு நமது சர்க்கரைக்கான உயர்கரும்பு ரகத்தை வழங்கிய

'இனிப்பு ராணி' என உலகமே போற்றிய தாவரஇயல் விஞ்ஞானி ஜானகி அம்மாவுக்கு பத்மஸ்ரீ விருது வழங்கப்பட்டது.

இந்திய அறிவியலின் உயரிய விருதும் பெண்களும்

இந்தியாவின் உயரிய அறிவியல் விருது சாந்தி ஸ்வரூப் பட்னாகர் விருது. அது 1958ல் இந்திய அறிவியல் - தொழில்துறை ஆய்வு நிறுவனமான சி.எஸ்.ஐ.ஆர். மூலம் (அதன் ஸ்தாபகர் பெயரில்) உருவாக்கப்பட்டது. இந்தியாவிலேயே வாழ்ந்து இங்கேயே அறிவியலின் மகத்தான கண்டுபிடிப்புகளை நிகழ்த்தும் விஞ்ஞானிகளை அங்கீகரிப்பதே நோக்கம். விருதுத்தொகை 5 லட்சம். அதைத் தவிர 65 வயதுவரை மாதம் 15000 ரூபாய் உதவித்தொகையும் உண்டு. ஒவ்வொரு வருடமும் சி.எஸ்.ஐ.ஆர்., ஸ்தாபக தினமான செப்டம்பர் 26 அன்று விருதுகளை அதன் இயக்குநர் அறிவிப்பதே வாடிக்கை, எம்.எஸ்.சுவாமிநாதன், சி.என்.ஆர். ராவ் உட்பட இதுவரை 583 இந்திய விஞ்ஞானிகள் பட்னாகர் விருது பெற்றுள்ளார்கள். அதில் 19 பேர் மட்டுமே பெண்கள் என்பது அதிர்ச்சி தரும் உண்மை ஆகும். இது மூன்று சதவிகிதத்தைவிட குறைவு. விருதை ஸ்தாபித்து 65 ஆண்டுகள் ஆகின்றன. தூய அறிவியலுக்கான இந்த ஒரே உயரிய அங்கீகாரம் ஆண்டுக்கு ஒரு பெண் விஞ்ஞானிக்காவது கிடைத்திருக்கக்கூடாதா என்று யோசிப்பது இருக்கட்டும். மூன்றாண்டுகளுக்கு ஒரு பெண் விஞ்ஞானி என்றுகூட கணக்கிட முடியாதது எத்தனை பெரிய வெட்கக்கேடு? அப்படி என்ன இந்தியாவில் அறிவியல் ஆய்வாளர்களாக பெண்களே இல்லையா?

இந்திய அறிவியல் ஆய்வுப் பெண்களின் அவலநிலை

2023-ம் ஆண்டு மார்ச் 15 அன்று ராஜ்யசபாவில் இந்திய அரசு நம் நாட்டின் இஸ்ரோ சி.எஸ்.ஐ.ஆர்.

உட்பட தேசிய அறிவியல் ஆய்வு நிறுவனங்களில் மொத்தம் 56,747 பெண் ஆய்வாளர்கள் இருப்பதாக ஒரு புள்ளிவிவரத்தை அளித்தது. இது மொத்த ஆய்வாளர்களில் 16.6 சதவிகிதமாகும். இதில் மருத்துவம், மரபணுவியல் உட்பட சுயநிதி அல்லது நிதிஉதவி பெறும் தனியார் ஆய்வகங்களின் பெண் விஞ்ஞானிகளின் எண்ணிக்கை சேராது. எப்படி இருந்தாலும் 16.6 சதவிகிதம் என்பது உலக சராசரியான 33.8 சதவிகிதம் பெண்கள் என்பதைவிட மிகக்குறைவானது. ஸ்டெம் எனப்படும் அறிவியல் தொழில்நுட்பம், கணிதம் பொறியியல் - இணைந்த அறிவியல் ஆய்வுத்திட்டம் இன்று சர்வதேச அளவில் நடைமுறைப் படுத்தப்பட்டுள்ளது. சந்ததி - சமத்துவ - இயக்கம் (Generation Equality Forum) எனும் உலகளாவிய அமைப்பு அறிவியல் தொழில்நுட்ப ஆய்வில் பாலின சமத்துவத்தை வலியுறுத்திட ஒவ்வொரு ஆண்டும் பிப்ரவரி பதினோராம் தேதியை அறிவியலில் பெண்களுக்கான சர்வதேச தினமாக அறிவித்து ஐ.நா. சபையின் ஒப்புதலையும் பெற்றுள்ளது குறிப்பிடத்தக்கது.

இந்தியாவில் ஸ்டெம் அறிவியல் தொழில்நுட்ப செயல்திட்டத்தில் 43 சதவிகிதம் பெண்கள் உள்ளனர். இது ஜெர்மனி (27 சதவிகிதம்), இங்கிலாந்து (38 சதவிகிதம்), ஏன் அமெரிக்காவை (34 சதவிகிதம்) விடவும் அதிகம். ஆனால் நம் சமூக அமைப்பிற்கே உரிய திருமணம், குழந்தைப்பேறு, குடும்பச் சூழல்கள், ஆண் ஆதிக்கப் பணியிடச் சூழல் என சில பல காரணங்களால் 16,6 சதவிகிதம் பேர் மட்டுமே ஆய்வை தொடரும் நிலை. ஸ்டெம் சார்ந்த தொழில்துறை தலைமை சி.இ.ஒ-க்களாக 3 சதவிகிதப் பெண்களே உள்ளனர் என்பது மற்றொரு அவலம். அதைவிட பெரிய அவலம் பெண் ஆய்வாளர்களின் உழைப்பை முற்றிலும் சுரண்டிவிட்டு ஆய்வை தன் பெயரில்

வெளியிட்டு மோசடியில் ஈடுபடும் ஆண் 'விஞ்ஞானிகள்' உலகிலேயே இந்தியாவில்தான் அதிகம் என்று ஒரு கணக்கெடுப்பு சொல்கிறது. இந்த நிலையில் விருதுகளிலும் அவர்கள் தொடர்ந்து புறக்கணிக்கப்படுவது மாபெரும் துயரம் ஆகும்.

பெண் ஆய்வாளர்களை ஊக்கப்படுத்த தனி விருது தேவை

பூனாவில் தேசிய செல் (உயிரணு) அறிவியல் ஆய்வு மையத்தில் அல்செமிர் நினைவிலி நோய், தோல்புற்றுநோய் என யாவற்றுக்கும் மையப்புள்ளியாக இயங்கும் குறுத்தணு இழைய ஆய்வில் திருப்புமுனை வெற்றிகண்ட தீபா சுப்ரமணியன், 2015ல் நாம் அனுப்பிய இந்தியாவின் 'ஜேம்ஸ் வெப்' தொலைநோக்கி எனப் புகழப்படும் அஸ்ட்ரோ-சாட் விண் தொலைநோக்கித் திட்டத்தில் அயராது பங்களித்த பெங்களூர் இந்திய வானியல் இயற்பியல் கழக இயக்குநர் அன்னபூரணி உட்பட பலருக்கு இந்த ஆண்டு பட்னாகர் விருதுகள் எதிர்பார்க்கப்பட்ட நிலையில் அப்பட்டியலில் ஒரு பெண் விஞ்ஞானிகூட இல்லாதது பெரிய ஏமாற்றத்தையே தருகிறது. ஜப்பான், பிரான்ஸ், ஜெர்மனி, இஸ்ரேல், சீனா உட்பட பல நாடுகளில் இருப்பதுபோல பெண் விஞ்ஞானிகளின் சாதனைகளை அங்கீகரிக்க தனி விருதுகள் துறைவாரியாக ஏற்படுத்தப்படுவதே இந்த அவலநிலைக்கு முற்றுப்புள்ளி வைக்கமுடியும். நம் நாட்டில் ஒரு பெண் கல்வி கற்பதும் கல்லூரி செல்வதும் அதையும் கடந்து ஆய்வு மாணவி ஆகி முனைவர் பட்டம் பெறுவதும் ஒரு கல்பனா சாவ்லா விண்வெளிக்குப் பறப்பதற்கு இணையான சாதனையே என்பதே இன்றைய யதார்த்த நிலை.

••••••••••••••

ஒரு தபால்தலை சேகரிப்பாளனின் அறிவியல் அனுபவங்கள்

தபால் நிலையமே இல்லாத ஊர்களில் நான் படித்திருந்தாலும் தபால்தலை சேகரிப்பாளனாக வளர்ந்தேன். இன்று யோசித்தால் அது ஒரு மனோ வியாதியாகக்கூட இருக்கலாம் என்று தோன்றுகிறது. மூன்று அறிகுறிகள். முதலாவது தரையில், ரோட்டில், ஏன் ஊர்க் கிணற்றில்கூட கிடக்கும் காகிதம் எல்லாமே பார்ப்பதற்கு தபால்தலை ஒட்டிய கவர் மாதிரியே இருக்கும். இரண்டாவது நீங்கள் சேகரித்த தபால்தலைகளை கவர் அல்லது ஆல்பம் அல்லது நோட்டில் ஒட்டி அதை பத்து நிமிடங்களுக்கு ஒருமுறை திறந்து திறந்து பார்த்து.. ஒன்று, இரண்டு, மூன்று என்று எண்ணி எண்ணிப் பார்ப்பது. இந்த வியாதியின் மூன்றாவது அறிகுறிதான் சிக்கல். நான் வீடு வீடாகச் சென்று ஏதாவது தபால் வந்துள்ளதா... கவர் கிடைக்குமா என்று தெருத் தெருவாக சுற்ற நேர்ந்தது. நாய்க்கடிகூட வாங்கி இருக்கிறேன்.

தீப்பெட்டி மேல் லேபிள், கிரிக்கெட் வீரர் ஸ்டிக்கர், டபிள்யூ.... ரஸ்லிங் மேனியா சண்டைவீரன் என்று இன்று சில குழந்தைகளிடம் அந்தப் பழக்கம் இருந்தாலும் (இப்போதுகூடவே டோரா, சோட்டாபீம் வகையறாவும் சேர்ந்துகொண்டுள்ளது) அந்தக் காலத்தில் ஒரு மைல், இரண்டு மைல் நடந்து சென்று பிஸ்கேட் பாக்கெட், கடலை உருண்டைக்கு ஒரு தபால்தலை என்று நண்பர்களிடம் பெற்றதும் நினைவில் உள்ளது. இன்று சுமார் 2000 வில்லைகள், 700 விசேட கவர்கள் என்று வைத்து இருந்தாலும் முன்புபோல அதற்கு மதிப்பில்லை.

எதற்கு என்றே தெரியாமல்தான் நான் அவற்றை சேகரித்தேன். இப்படி ஒரு பொழுதுபோக்கு வைத்திருப்பவனுக்கு ஃபிலேட்லிஸ்ட் என்று ஒரு பெயர் உலகத்தில் இருக்கும் என்பதெல்லாம் அப்போது தெரியாது... ஃபிலேட்லிஸ்ட் எனும் ஆங்கிலச் சொல் பிரெஞ்சு தபால்காரர் ஜார்ஜ் ஹெர்ப்பின் என்பவர் வைத்த பெயராம். ஆனால் அது கிரேக்க மொழியில் ஃபிலோ- மிகவும் கவர்ச்சியான மற்றும் ஆட்டலியா – வரி போடமுடியாத எனும் இரு சொற்களின் கூட்டுத் தயாரிப்பு என்கிறார்கள். ஜார்ஜ் ஹெர்ப்பின் தபால்தலைகளை ஒரு தேசத்தின் ஜன்னல்கள் என்று அழைத்தார்கள்.

'தபால்தலைகள் ஒரு நாட்டை உலகிற்கு அறிமுகம் செய்யும் ராஜ்ய – தூதர்கள்' என்று நோபல் அறிஞர் ஹென்றி டுவாண்ட் கூறியதாகக்கூட நான் வாசித்து இருக்கிறேன். 1837ல் தொடங்கியது இது. இங்கிலாந்தின் விக்டோரியா மகாராணியின் உருவம் பதித்த பென்னி பிளாக்தான் உலகின் முதல் தபால்தலை. இங்கிலாந்தில் வொர்செஸ்டர் பகுதியில் ஒரு பள்ளிக்கூட ஆசிரியராக இருந்த ரௌலாந்து ஹில் மேற்குறிப்பிட்ட 1837ல் 'அஞ்சல் அலுவலக சீர்திருத்தங்கள்' என்று ஒரு குறிப்பு துண்டுப் பிரசுரத்தை தன் மாணவர்கள் மூலம் கைப்பட 1000 பிரதிகள் எடுத்து விநியோகித்தார். பிறந்தது தபால்துறை. ஏழை எளிய மக்களும் அஞ்சல் மூலம் கருத்துப் பரிமாற பணம் தரவேண்டாம். அதற்கு மாற்றாக சதுரவில்லைகளான 'தபால்-தலை' வாங்கி ஒட்டினால் போதும் என்று வந்தது.

நான் கல்லூரிக்குள் நுழைந்தபோது என்னிடம் விலைமதிக்க முடியாத சொத்தாக இருந்தது பள்ளி இறுதி வகுப்பு மதிப்பெண்கள் அல்ல. நான் ரொம்ப

சுமார் மாணவன்தான். ஆனால் 1975ல் வெளியிடப்பட்ட நம் இந்திய முதல் செயற்கைக்கோள் ஆரியபட்டா பொறித்த தபால்தலை என்னிடம் இருந்தது. அப்போது ஐநூறு விதவிதமான தபால்தலைகள் வைத்திருந்தேன். நாலோ ஐந்தோ அயல்நாட்டு தபால் வில்லைகள். கல்லூரி முதலாம் ஆண்டில் திருச்சியில் நான் தங்கிப் படித்த விடுதிக்குப் பக்கத்தில் ஒரு தபால் நிலையம் இருந்தது. என் வகுப்பு தோழர்கள் அந்த ஆரியபட்டா தபால் தலையை பார்த்த விதம் ஏதோ நானே விண்வெளி வீரன் ஆனதுபோன்ற கெத்தைக் கொடுத்ததால் தினமும் – நம் மதுப்பிரியர்கள் டாஸ்மாக் போவதுபோல- தபால் நிலையம் போகத் தொடங்கினேன். அறிவியல் தபால்தலை சேகரிப்பது எனும் நிரந்தரப் பித்து தலைக்கு ஏறியது.

இந்தியாவில் தபால்துறை 1296ல் அலாவுதின் கில்ஜி காலத்தில் அறிமுகமாகி (அதற்குமுன் புறா விடு தூதுதான். 1774ல் வாரன் ஹேஸ்டிங்ஸ் காலத்தில் மறுபிறவி எடுத்து 1882ல் விக்டோரியா மகாராணியால் ‘இந்தியா – போஸ்டேஜ்’ என்று பெயர் மாற்றம் பெற்றது. அதென்ன அறிவியல் தபால் தலை என்கிறீர்களா? கொஞ்சம் பொறுமையாக இருக்கவும். நம் தேசத்தின் 1851 வந்த முதல் தபால்தலை அறை அணா விலைபெற்ற சிந்து மாகாண தபால்தலை. பெங்களூரில் ஒரு தபால்தலை கண்காட்சியில் தொட்டுப் பார்த்த அனுபவம் எனக்கு உண்டு (அது ஒரு தனி ‘இது’ சார்!). அவை இங்கிலாந்தில் அச்சிடப்பட்டவை. 1854 முதல் ஓரணா, ரெண்டணா வில்லைகள் – இந்தியாவிலேயே அச்சாக்கம் பெற்றன. நாலணா என விலை பதித்த விக்டோரியா படம் பொறித்த ஒரு தபால் வில்லை என்னிடம் உண்டு- ரத்தான (அதாவது சீல் போட்டது) வில்லை.

இந்திய அறிவியலை பொறித்த தபால்தலை சேகரிப்பாளானாக நான் மாறியது ஒருவகை பரிணாம வளர்ச்சி. 1971ல் வெளியிடப்பட்ட இந்திய நோபல் அறிஞர் சர்.சிவி. இராமன் உருவம் பொறித்த தபால்தலை இருபதே பைசா. ஆனால் அந்தக் கல்லூரிக் காலத்தில் என் மாலைநேர சகாவாகவே மாறிப்போன ரகமத்துல்லா எனும் தபால்காரரர் அதை மிகவும் எச்சரிக்கையாக இருந்து - எனக்காக தேடித் தேடி சேகரித்து நாநா டீக்கடையில் என்னிடம் ஒப்படைத்தபோது கோடி கோடியாய் கொட்டிய – விபரீத ராஜயோகம் எனக்கு அடித்ததாக நினைத்ததை என்ன சொல்ல!

ஆல் இந்தியா ரேடியோ தொடங்கப்பட்டதை கொண்டாடும் 1961ல் வெளிவந்த இந்திய தபால் தலைமுதல், 1970ம் வருடம் பொறிக்கப்பட்ட ஜாமியா மில்லியா இஸ்லாமிய பல்கலைக்கழக அறிவியல் துறை துவங்கி 50 ஆண்டு நிறைவை கொண்டாடும் தபால் வில்லை, 1966ல் நமது அணு ஆற்றல் அறிவியலின் பிதாமகர் ஹோமி ஜஹாங்கீர் பாபா திடீரென்று விமான விபத்தில் மறைந்த அதே ஆண்டில் வெளிவந்த ஹோமிபாபா உருவம் பொதித்த தபால்தலை என்ற எனது வேட்டை பலவற்றைக் கொண்டுவந்து சேர்த்தது. தபால் வில்லையில் இந்தியாவில் முதலில் இடம் பிடித்த விஞ்ஞானி ஜெகதீஷ் சந்திரபோஸ் – 1958ல் அந்த தபால்தலையை பிரதமர் நேரு வெளியிட்டார். அருமை விஸ்வேஸ்வரையாவின் நூற்றாண்டு விழாவில் அவரது முன்னிலையில் (விஸ்வேஸ்வரையா 102 வயது வாழ்ந்தவர்) 1960ல் நேரு வெளியிட்ட தபால்தலை என்னிடம் உள்ளது.

விஞ்ஞானிகள்தான் என்றில்லை, இந்திய அறிவியல் மாநாடுகள் நடைபெற்ற 1954லிலும் 1962லிலும் அதைக் கவுரவித்து நேரு தபால்தலை வெளியிட்டார். சென்னையில் 1959ல் தொழிற்துறை கண்காட்சி நடந்தபோது வெளிவந்த தபால்தலை பல வண்ணம் கொண்டது. உலக விவசாய - கண்காட்சி முதல் முறையாக புதுதில்லியில் நடந்தபோது 1959ல் இந்திய விவசாயி நாம் கொண்டுவந்த அந்த விசேட தபால் தலையில் ஒட்டியது காங்கேயம் காளை. ஆனால் பசுமைப் புரட்சி, விவசாயப் புரட்சி என்று நாம் பாடத்தில் படிக்கும் ஒன்றை நமது தபால்துறை கோதுமை புரட்சி (Wheat Revolution) என்று பெயரிட்டு 1969ல் தபால்தலையாக வெளியிட்டதை நான் குறிப்பிட வேண்டும். தொலைபேசித் துறைக்காக 1951ல் வெளியிடப்பட்ட அறிவியல் தொழில் நுட்பத்தில் இந்தியா எனும் சிறப்புத் தபால்தலையும்கூட என்னிடம் உள்ளது.

இந்தியா என்றில்லை, சர்வதேச அறிவியலையும் நாம் கொண்டாடி உள்ளோம். உதாரணமாக நீல் ஆம்ஸ்ட்ராங் நிலாவில் இறங்கிய போது 1969ல் 20 பைசா தபால்தலை ஒன்றை வெளியிட்ட நம் தபால்துறை 1970ல் அவர் இந்தியாவிற்கு விஜயம் செய்தபோது நேரில் அவரிடம் அளித்து கவுரவித்தது. 1981ல் எஸ்.எல்.வி. மூலம் மூன்று செயற்கைக்கோள் தகவல் தொழில்நுட்பத்தைக் கொண்டாடும் சிறப்புத் தபால் தலை வெளிவந்தது. ஹோமிபாபா, சர். சி.வி. ராமன், விக்ரம் சாராபாய், விஸ்வேஸ்வரையா என 1960-70களிலியே வந்த விஞ்ஞானிகளின் உருவம் பதித்த தபால்தலைகள் உண்டு என்றாலும் பழம்பெரும் அறிவியல் அறிஞர் ருச்சிராம் சஹானிக்கு

நாம் ஒரு தபால்தலையை 2013ல்தான் கொண்டுவந்தோம். பி.சி.மெஹல்னோயிஸ் *(1993)*, எல்லப்பிரகட சுப்பாராவ் *(1995)*, சத்யேந்திர நாத் போஸ் *(1994)* ஆகியோர்கூட காலதாமத அங்கீகாரமே பெற்றனர்.

தபால்தலைகளோடு விசேட தபால் உறைகளையும் நாம் வெளியிட்டு வருகிறோம். தபால்தலை அளவிற்கு அவற்றை சேகரிக்கும் ஈர்ப்பு எனக்கு கிடையாது என்றாலும் இந்திய ரோஜாக்கள், புலிகள் காப்பகம், இந்திய உளவியல் பகுப்பாய்வு மன்ற ஆரோக்கிய உரை, பர்நாவபராவில் 2022-ல் நடந்த பாட்டம்பூச்சிகள் குறித்த சர்வதேச அறிவியல் மாநாடு வரை பல வகையில் அறிவியல் போற்றப்பட்டுள்ளது. என்னிடம் உள்ள ஆகச் சிறப்பான அறிவியல் தபால்தலைகளின் ஒன்றை என்னோடு பால சாகித்ய புரஸ்கார் (சாகித்ய அகாதெமி) விருது வென்ற ஆசாமியை அறிவியல் எழுத்தாளர் தினேஷ் சந்திரகோஸ்வாமி அன்பளிப்பாகக் கொடுத்தார். 1985ல் வெளியிடப்பட்ட ஹேலி வால் நட்சத்திர விஜயத்தின் விசேடத் தபால் தலை!

இப்போது அந்த அளவிற்கு மோகம் (நோய்க் கடுமை?) இல்லை. அது குறைந்து விட்டது. மங்கள்யான் நமது (சிப்ஸ் இருக்கா, இல்லையா சார்!) 2000 ரூபாய் நோட்டில் வந்ததும் சந்திரயான் உட்பட இஸ்ரோ சாதனைகளுக்கு இதுவரை 117 தபால்தலைகள் வந்துள்ளதும் பாராட்டத்தக்கது. கூடவே அண்டார்டிகா இந்தியப் பயணம், கடல் ஆய்வு, தோல் பதனிடுதல் என்று ஒரு நூறு விசேடத் தபால் தலைகள் இருக்கலாம். தமிழகத்தின் வைனு பாப்பு தொலைநோக்கி, முதல் கணித மேதை

ராமானுஜன், மக்கள் விஞ்ஞானி ஜி.டி.நாயுடு வரை அறிவியலில் தமிழகத்தின் பெருமையாக ஒரு முப்பது தபால், தலைகள் தேறும்.

இத்தனை வருடங்களில் என் மனக்குறை என்னவென்றால் நாம் நம் இந்தியப் பெண் விஞ்ஞானிகளில் யாருக்குமே தபால்தலை அந்தஸ்து தரவில்லை என்பது நெஜுமா ஹெப்துல்லா அம்மையார் பாராளுமன்ற மேல்சபையின் உதவித் தலைவராக இருந்தபோது இது குறித்து கேள்வி எழுப்பப்பட்ட போது 1968ல் நாம் மேரிகியூரி அம்மையாருக்கு ஒரு சிறப்புத் தபால்தலை வெளியிட்டதாக அரசு பதிலளித்தது. பெண் விஞ்ஞானி என்றாலே நமக்கு மேரிகியூரி ஒருவர் தான். கல்பனா சாவ்லாவுக்கு ஏழு நாடுகள் விசேடத் தபால் தலை வெளியிட்டன. நாம் ஒரு தபால் உறை வெளியிட்டதோடு சரி, இந்தக் குறை நீங்கும் வரை ஃபிலேட்டலிஸ்ட் நடராசன் எனும் (நாய் சேகர், சிநேக் பாபு போல) பட்டத்தை நானும் விடுவதாக இல்லை.

பின் குறிப்பு:

'என்ன இப்படிச் சொல்லி விட்டீர்கள். இந்திய தபால்துறை இந்திய பெண் விஞ்ஞானிகளுக்கும் தபால்தலை வெளியிட்டுள்ளது' என்று யாராவது அன்பர்கள் தங்களிடம் உள்ள எந்த இந்தியப் பெண் விஞ்ஞானியின் தபால் தலையையாவது புகைப்படம் எடுத்துப் பகிர்ந்தால் என்னிடம் இருக்கும் ஒரே சொத்தான அந்த 2000 சொச்சம் தபால் தலைகளையும் ஒப்படைத்து சரணடைந்து அத்தோடு இந்த அறிவியல் தபால்தலை – காதலையே விட்டுவிட தயாராக இருக்கிறேன் என்பதை (இந்தியத் தபால்துறை மீது சத்தியம்) தெரிவித்துக்கொள்கிறேன்.

•••••••••

வாசிப்பு... இ-வாசிப்பு... மின் வாசிப்பு!
ஓர் அறிவியல் பார்வை

...இப்படி அடுக்கிக்கொண்டே போகலாம். நாளொன்றுக்கு பல மணிநேரம் புத்தக வாசிப்பில் ஈடுபட்டவர்களே தலைமை ஏற்று சமூகத்தினை வழி நடத்தினர். அதுவே வரலாறு. பொதுக் கல்வி, பள்ளி அமைப்பு, எழுத்தறிவு என யாவுமே இயல்பான புத்தக வாசிப்பை மக்களிடையே பரவலாக எடுத்துச் செல்வதை நோக்கமாகக் கொண்டவை. ஆனால், இப்போதெல்லாம் யாருமே வாசிப்பது இல்லை என்று சொல்வது ஒரு வகை ஃபேஷனாக இருக்கிறது. கைபேசிகள் திறன்பேசிகளாக மாறிய பிறகு டி.வி. டைம் என்பதே குறைந்துவிட்டபிறகு, தியேட்டர்களின் காலமும் காலாவதியான பிறகு, நூலகம் பெரிதாகச் சாதிக்கும் என்று நீங்கள் பேசுவது அபத்தமாக இல்லையா என்று ரொம்ப நியாயமான கேள்விபோல கேட்கிறார்கள்.

இப்படி வரிந்து கட்டுபவர்களை நாம் இரண்டாகப் பிரிக்கலாம். ஒரு வகை, எப்போதுமே வாசித்தது கிடையாது. மற்றொரு வகை, வாட்ஸ் ஆப் போதும் என்று மாறிப் போனவர்கள். ஃபேஸ்புக், வாட்ஸ் ஆப்பிலேயே புரட்சி, ஆட்சி மாற்றம் வந்து விடும் என்று முடங்கியவர்கள். தொடர்ந்து அறிவுத்தளத்தில் தீவிரமாக இயங்குவதாக தானும் நம்பி பிறரையும் ஏய்ப்பது இன்று ஒரு வகைத் தப்பும் உத்தி. ஆனால் உண்மையிலேயே வாசிப்பு மரணித்துவிட்டதா? இருத்தலியல்வாதிகள் ஒரு கட்டத்தில் கவிதை செத்துப் போனது என்று அறிவித்ததுபோல இருக்குமா என்றெல்லாம் அறிவுத்தளத்தில் நின்று ஒரு வகை

ஆய்வை நான் நடத்த, கிடைத்த முடிவுகளை கீழ்க்கண்டவாறு பட்டியலிடலாம்.

நேரடி வாசிப்பு, இ-வாசிப்பு, மின் வாசிப்பு, இன்று தீவிர வாசிப்பு என்பது இந்த மூன்று தளங்களிலும் நடக்கின்றன. அதேபோல வாசிப்பின் நோக்கத்தையும் நாம் மூன்றாகப் பிரிக்கலாம். 21ஆம் நூற்றாண்டு தமிழ் சமூக வாசிப்பு என்பது வாழ்க்கைப் படிநிலை (போட்டித் தேர்வு) தயாரிப்பு வாசிப்பு, வேலைப் பணித் தேவை (தயாரிப்பு நடவடிக்கை) வாசிப்பு மற்றும் சுய முன்னேற்றம், அறிவுத் தேடல் வாசிப்பு என்ற தளத்தில் நடக்கிறது. வாசிப்பில் பொழுதுபோக்கு எனும் அம்சமும் நாம் நினைத்த அளவிற்கு அறுகிப்போய் விடவில்லை என்பதற்கும் சான்றுகள் உள்ளன.

ஏறத்தாழ 86 சதவிகித எழுத்தறிவு நிலை அடைந்து, அது தொடர்ந்து பேணிக் காக்கப்படும். தமிழ்நாட்டில் தனக்கு இரண்டு கோடி வாசகர்கள் இருப்பதாக 'தினத்தந்தி', 'தினமலர்' வகையறா தொடர்ந்து அறிவிப்பதை பார்த்தால் நேரடி வாசிப்பில் தின இதழ்களின் பங்கும் உண்டு எனக்கொள்ள முடியும். புத்தகத்தை நேரடியாக கையில் வைத்து வாசிப்பதைத்தான் நாம் நேரடி வாசிப்பு அல்லது பொதுவான வாசிப்பு என்று அழைக்கிறோம். அது இன்றும் தொடர்கிறது.

இணையத்தில் வாசிப்பது இ-வாசிப்பு என்று பொதுமைப் படுத்தப்படுகிறது. இணைய இதழ்கள் இன்று தமிழில் ஆயிரத்திற்குமேல் வந்துவிட்டன. கட்டுரைகள், கவிதை, நாவல், தொடர், சிறுகதை காட்சியாக்கம், துணுக்கு என்று எல்லாம் உண்டு. படித்துவிட்டு லைக் போடலாம். இணையத்தில் கொட்டிக் கிடக்கும் பி.டி.எஃப், வகைப்

புத்தகங்களையும் நேரடியாக வாசிக்கிறார்கள். எந்தெந்தப் புத்தகங்கள் அவ்விதம் அதிகம் வாசிக்கப்படுகின்றன என்பதற்கு பிக் - டேட்டா எனும் பெருந்தரவு ஒரு கணக்கீடும் வைத்திருக்கிறது.

இன்று நடக்கும் மூன்றாம் வகை வாசிப்பு மின் - வாசிப்பு. தமிழகத்தில் இன்று 79 சதவிகிதம் பேர் திறன்பேசி நுகர்வர்களாக உள்ளனர். மொத்த மக்கள் தொகையில் 6 சதவிகிதம் பேர் பணி இடத்திலாவது கணினிப் பயன்பாடு கொண்டவர்கள். இ-பாட், ஐ-பாட் இந்தியாவிலேயே மகாராஷ்டிராவை அடுத்து தமிழகத்தில் அதிகம் என்றும் ஒரு புள்ளிவிவரம் (மிடாஸ்.காம்) கூறுகிறது. மின்-புத்தகங்கள் பதிவிறக்கம் செய்து தங்களது மின்-சாதனங்களில் சேமித்து வாசித்தல். இதில் பாடப் புத்தகங்களும் அடக்கம் என்றாலும் பொது வாசிப்பும் இல்லாமல் இல்லை. ஆடியோ (குரல் ஒலி) நூல்களும் இன்று பயன்பாட்டிற்கு வந்துள்ளன.

எனவே இந்த 21ஆம் நூற்றாண்டு வாசிப்பு என்பது, 18, 19 மற்றும் 20ஆம் நூற்றாண்டு வாசிப்புகளிடமிருந்து வேறுபடுகிறது. இதற்கு மற்றொன்று ஆழமான உதாரணமும் சொல்லலாம். சென்ற நூற்றாண்டில் மகாத்மா காந்தி எழுதிய கிராம – சுயராஜ்யம் நூலை ஆங்கிலேய அரசு (1919) தடை செய்து அச்சான பிரதிகளைக் கைப்பற்றி விட்டது. ஜான் ரஸ்கின் எழுதிய 'அன் டு தி லாஸ்ட்' நூலைத் தழுவி, தான் அதை எழுதியதாக பின் நாட்களில் மகாத்மா காந்தி குறிப்பிட்டாலும் (இன்று வரை) அந்தப் புத்தகத்திற்கு தடை நீக்கப்படவில்லை.

ஆனால் 2019-இல் பாரதி புத்தகாலயம் வெளியீடாக வந்த 'ரஃபேல் பேர ஊழல்' நூலை அதேபோல பறிமுதல் செய்து அனைத்து அச்சான பிரதிகளையும்

மத்திய மோடி அரசு தந்த அழுத்தத்தால் மாநிலக் காவல்துறை சென்னையில் கைப்பற்றிய சம்பவத்தின்போது என்ன நடந்தது, அதே நூல் இணையவழி – மின் வழி வாசிப்பில் தமிழகம் முழுவதும் வெகுண்டெழுந்த தோழமை அமைப்புகளால் பி.டி.எஃப். வடிவிலும் – ஏனைய புத்தக வாசிப்பு ஆப்-களின் வழியேயும் லட்சக்கணக்கான வாசகர்களை–சில மணிநேரத்தில் அடைந்தது. 21-ஆம் நூற்றாண்டு வாசிப்பு என்பது முந்தைய நூற்றாண்டுகளின் வாசிப்பில் இருந்து எப்படி வேறுபடுகிறது என்பதற்கு இந்த நிகழ்வு ‘ஒரு சோறு பதம்.’

மேலும் அறிஞர்கள் இந்த 21-ஆம் நூற்றாண்டு வாசிப்பு, நோக்கமற்ற வாசிப்பு, நோக்கத்துடனான வாசிப்பு என்று தரம் பிரிக்கிறார்கள். ஹாக்கோ ஓபாசி எனும் கருப்பின உளவியல் அறிஞர், நோக்கத்துடன் கூடிய வாசிப்புகள் அனைத்துமே பதட்டம் நிறைந்தவையாக உள்ளதாகக் கூறுகிறார். ஒரு தகுதித் தேர்வு அல்லது அதற்கு சமமான நிகழ்வுக்கு தன்னை தயார்படுத்திக்கொள்வதற்காக நடக்கும் வாசிப்பே நோக்கத்துடன் கூடிய வாசிப்பு. பிஎச்.டி., ஆய்வு, கல்லூரித் தேர்வு, பள்ளியின் புராஜெக்ட், அலுவலகப் பணி நிமித்த தேடல் எனப் பலவாறு நோக்க – வாசிப்பு விரிவடைகிறது. உட்கார்ந்த இடத்திலேயே உதவி என்கிற அடிப்படையில் தன் கணினி, திறன்பேசி இவற்றில் தேவைப்படும் நூல்களை வாசிப்பதே நோக்க – வாசிப்பில் அதிகம்.

நூலகங்களில் இன்று உலகம் முழுதுமே போட்டித் தேர்வுகளுக்கான பயிற்சி சார்ந்த செயல்பாடுகள் நடக்கின்றன. உலகில் எந்த நூலகமும் முழுமையாக மூடப்பட்டு விடவில்லை. நம் தமிழ்நாடும்

விதிவிலக்கல்ல. மாவட்டம் தோறும் மைய நூலகங்களில் டிஎன்பிஎஸ்சி குரூப் – பயிற்சி வகுப்பு நடக்கும் அரங்கங்களாக மாற்றப்பட்டுள்ளன. நோக்க – வாசிப்புக்கு வசதி வாய்ப்பு இல்லாதவர்களுக்கு நம் நூலகங்கள் வரப்பிரசாதமாக இருப்பதை மறுக்கவே முடியாது.

அ. நோக்க-வாசிப்பின் அறிவியல் படிநிலைகள்: நோக்கத்துடன் கூடிய வாசிப்பிற்கு இருவகையில் வாசிப்பின் அறிவியல் படிநிலைகளை வகுத்துக் கொடுத்திருக்கிறது. நோக்க வாசிப்பு இ-வாசிப்பில் இருந்தாலும் நேரடி வாசிப்பாக இருந்தாலும் கீழ்க்கண்ட இருவகை படிநிலைகளுமே அவசியம்.

1. ராப் முறை (RAP)

R-(Read) வாசித்தல், *A- (Ask your self)* சுய-கேள்விகளை உருவாக்கிக்கொள்ளுதல். *P-(Put answer in your own words)* விடைகளை உங்களது சொந்த எண்ணங்களின் சொற்களாக வெளிப்படுத்துதல். முதல்படி நிலையிலேயே ஒருவகை பற்றும் முழு ஈடுபாடும் தேவையாக இருக்கிறது. முழுமையான சுய-கவன வாசிப்பு என்பதே முதல்படி.

இரண்டாவது படிநிலை - வாசித்தவற்றின் மீதான எதிர்வினை. அதற்கு வாசிப்பாளர் தேவையான கேள்விகளை ஏற்படுத்திக்கொள்ள வேண்டும். நைஜீரியாவில் – புதிதாக வாசிக்கக் கற்ற ஒரு சமூகக் குழுவின் மீது – அலைக்கூ மற்றும் உங்பு எனும் இரு ஆய்வாளர்கள் 2017-இல் மேற்கொண்ட ஆய்வில் கேள்விகளை நோக்க – வாசிப்பு இயல்பாகவே மேற்கொள்வதை நிரூபித்தனர். பெரும்பாலும் உயர்நிலைப்பள்ளி மாணவர்களிடையே நிகழ்த்தப்பட்ட அந்த ஆய்வில் வாசிப்பாளர்கள் தங்களுக்குத் தாங்களே வாசித்து அறிந்ததில்

கேள்விகளை எழுப்பிக்கொண்டனர். கூட்டாக வாசிப்பை குழு வாசிப்பாக நடத்தியதுபோது வந்ததைவிட அதிகக் கேள்விகள் சுய - தனிமை வாசிப்பில் வெளிப்பட்டதை பதிவு செய்துள்ளனர்.

நோக்க - வாசிப்பின் மூன்றாம் படிநிலை, தான் அடைந்த கேள்விகளுக்கு, தான் வாசித்து அறிந்ததை வைத்து சுயமாக விடைகளை தன் சொந்தச் சொற்களில் வெளியிடுதல். இந்தப் படிநிலை முழுமை அடைந்தால் மட்டுமே நோக்க - வாசிப்பு ஒருவரது சொந்த வாசிப்பாக மாறும். இந்தப் படிநிலையில் திருப்தி காணாதபோது மீண்டும் முதல்படி நிலையில் இருந்து நீங்கள் தொடங்க வெண்டும். ராப் முறையிலான வாசிப்பே கற்றல் வாசிப்பு என்றும் அழைக்கப்படுகிறது.

2. SQ 3R முறை

ஆங்கில எழுத்துகளான எஸ்.கியூ. மற்றும் மூன்று ஆர்கள் என்று நோக்க வாசிப்பின் இரண்டாவது முறையை அழைக்கிறார்கள். இதை பின் இருந்து முன்நோக்கிப் படிக்க வேண்டும். முதலில் 3 ஆர் (3R) அதை நடைமுறைப்படுத்த வேண்டும்.

1. வாசித்தல் (Reading)
2. சொல்லிப் பார்த்தல் (Recite)
3. மதிப்பாய்வு செய்தல் (Review)

நோக்க வாசிப்பு, நேரடி புத்தக வாசிப்பாகவோ, இணைய வாசிப்பாகவோ, பதிவிறக்கம் செய்யப்பட்டு மின்-சாதன வாசிப்பாகவோ எப்படி இருந்தாலும் வாசிப்பைத் தொடங்கும் முன்பே நோக்கம் அல்லது இலக்கு முன்வைக்கப்படுகிறது. இன்று இந்தந்தப் புத்தகங்கள் வாசிக்க வேண்டும். அவற்றில் எந்தெந்த தலைப்புகளை தயார் செய்யவேண்டும் என்ற

நோக்கப்பட்டியல் தயாரிப்பது அவசியம் - பிறகு வாசிப்பு அந்த நோக்கங்களை நிறைவேற்ற நடைபெறுகிறது.

மதிப்பாய்வு செய்தல் (Reviewing). இந்த முறையில் முக்கிய படிநிலையாக சேர்க்கப்பட்டுள்ளது. வாசித்த யாவற்றையும் திரும்ப அசைபோட்டு மதிப்பாய்வு செய்தால் வாசிப்பின் வழியே கற்றல் சாத்தியமாகும். வாசிக்கும் யாவற்றையும் அப்படியே ஏற்காமல், நாம் ஒவ்வொன்றையும் விமர்சனத்திற்கு உட்படுத்துவதே இது.

இந்த முறையில் அடுத்து எஸ் மற்றும் கியூ இடம்பெறும். இயல்பாகவே வாசித்தவரை கணக்கெடுப்புக்கு (survey) உட்படுத்துதல் என்பதுதான் எஸ். இறுதியாக கேள்விக்கு உட்படுத்துதல் எனும் (Questioning) கியூ வருகிறது.

ஆ. நோக்கமற்ற - சுதந்திர வாசிப்பின் அறிவியல்பூர்வ படிநிலைகள்: சுதந்திர வாசிப்பு அல்லது மன அழுத்தமற்ற வாசிப்பு என்பதே இது. மற்றபடி எதுவும் நோக்கம் இல்லாத வாசிப்பு அல்ல. இன்ன தேதியில், இன்ன தேர்வு எழுதப் போகிறோம். புராஜெக்ட் சமர்ப்பிக்க என்று எந்தக் கட்டுப்பாடும் இல்லாத வாசிப்பே சுதந்திர வாசிப்பு. எதையும் தன் விருப்பத்தின் பேரில் தேர்ந்தெடுத்து வாசிப்பதே அது. அவ்வகை வாசிப்பு 12 வயதில்தான் தொடங்கும் என்று நம்பப்படுகிறது.

ஒரு குறிப்பிட்ட நூலைத் தேர்வு செய்து - அதை வாசிக்கும் மகிழ்ச்சிக்காக நிதானமாக வாசிப்பது பள்ளிப்பருவத்திலேயே வரவழைக்க வேண்டிய பழக்கம். ஆனால், ஈடுபாடு எனும் மனநிலையும் வாசிக்கும் சூழலும் இருந்தால் எந்த வயதிலும் முடியும். இவ்வகை வாசிப்பு ஒரு கலாச்சாரமாக ஆகும்போதுதான் நமக்கு நல்லிணக்கப் பகுத்தறிவுச்

சமூகம் கிடைக்கிறது. இந்த பொது வாசிப்பிற்கும் அறிவியல் இருவகைப் படிநிலைகளை வகுத்துத் தந்துள்ளது.

1. 5s வாசிப்புப் படிநிலைகள்: ஆங்கில எழுத்து எஸ் ஐந்து முறை என்பதே பொது வாசிப்பின் முதல்வகை படிநிலையாக்கம் ஆகும். அவை முறையே ஸ்கிம் (Skim) ஸ்கேன் (Scan), செலக்ட் (Select), ஸ்லர்பு (Slurp), சம்மரைஸ் (Summarise) என்று அழைக்கப்படுகிறது.

1. மேலோட்டமான வாசிப்பு (Skim): இதுவே முதல்படிநிலை ஆகும். அறிவியல் முறைப்படியான வாசிப்பு இன்று முழு - பிரதியையும் (Text) ஒருமுறை மேலோட்டமாக மேயச் சொல்கிறது. உங்கள் விழியும் மனமும் நாம் உட்கவர இருப்பவை எவை என முதலிலேயே திட்டமிடுகிறது.
2. நுட்ப - வாசிப்பு (Scanning): உள் ஆழ்ந்து ஒருபகுதியை வாசித்து உட்கிரஹிக்கும் படிநிலை. வாசிப்பின் இதயம் என்று இதைச் சொல்கிறார்கள்.
3. தேர்வு செய்தல் (Select): ஒரு பிரதியை நுட்பமாக வாசித்தபின் அதிமுக்கிய விஷயங்களை தேர்வு செய்து தொகுத்தல்.
4. சாரத்தை உறிஞ்சுதல் (Slurp): ஒரு பிரதியில் இருந்து நுட்ப வாசிப்பு தேர்வு செய்த பதிவுகளின் சாரத்தை உறிஞ்சி உட்கிரஹித்தல் அடுத்தபடிநிலை ஆகும்.
5. தொகுத்து வைத்தல் (Summarise): வாசிப்பு நோக்கம் மட்டும் நடக்கலாம். ஆனால் ஒவ்வொரு பிரதிக்கும் ஒரு நோக்கம் உண்டு.

> பிரதி (Text) உருவாவதே ஏதாவது ஒரு
> தேவைக்காகத்தான். எனவே வாசிப்பின்
> கடைசிப் படிநிலை அந்தப் பிரதியின் சாரத்தைத்
> தொகுத்து (Summarise), அதனை சுயஅறிவாக
> உணர்வாக கிரஹிப்பதே ஆகும்.

பொது வாசிப்பும் ஒரு வகை வெகுஜனக் கல்வியே என்பதற்கு மேற்கண்ட படிநிலைகளே சாட்சி. முறைப்படியான வாசிப்பு என்பது எப்படி, யாரால் நிகழ்த்தப்பட்டாலும் மேற்காண்படி நிலைகளை, தானே அடையும் என்பதே உண்மை. இனி பொது வாசிப்பு என்பதன் அறிவியல்பூர்வமான இரண்டாவது படிநிலையாக்கத்தை பரிசீலிப்போம்.

2. ஆர்.ஐ.டி.ஏ.படிநிலையாக்கம் (RIDA - Steps of Reading) இவ்வகை படிநிலையாக்கம் நாவல், சிறுகதை போன்ற படைப்பிலக்கிய வாசிப்பிற்குப் பொருந்தும். ஆங்கில எழுத்து

ஆர்- ரீடிங் (Reading)

ஐ - இமேஜினிங் (Imagining)

டி - டிஸ்கிரைப் (Describe)

ஏ - ஆட் மோர் (Add more)

என்ற படிநிலைகள் முன்வைக்கப்படுகின்றன. படைப்பாக்கப் பிரதிகளை வாசிக்கும் அறிவியல் பூர்வமான படிநிலைகள் இவை.

1. வாசித்தறிதல் (Reading) நாவல், சிறுகதைத் தொகுதி மற்றும் ஏனைய படைப்பாக்க நூல்களை குறைந்தபட்சம் ஆறேழு பக்கங்கள் மடமடவென்று வாசித்துவிடவேண்டும். பிறகு ஓர் இடைவெளி விட வேண்டும்.

2. கற்பனை செய்தல் (Imagination) படைப்பாக்கப் பிரதிகளை கற்பனாபூர்வமாக வாசிக்க வேண்டியிருக்கிறது. எனவே அடுத்த படிநிலைக்

காட்சிகளை கற்பனையில் கொண்டு வந்து நிறுத்துதல். சினிமாவாகவோ, தொலைக்காட்சி மற்றும் படமாகவோ காணும்போது காட்சியாக்கத்திற்கு அதைக் காண்பவருக்கு கற்பனையாக்கம் தேவை இல்லை. ஆனால் ஒரு பிரதியை வாசிக்கும்போது அந்தக் காட்சியை கற்பனை செய்வது அற்புதங்கள் நிறைந்த படிநிலையும் ஆகும். நேரப்படக் காட்சியைவிட அது சிறந்த மனப்பயிற்சியைத் தருகிறது. குழந்தைகள் முதல் பெரியவர்கள் வரை படைப்பூக்கம் பெறும்படி நிலையும் இதுதான்.

3. விவரித்துக் கொள்ளுதல் (Describing Yourself)

வாசித்தவரை என்ன நடந்தது? கதையில் இடம் பெற்ற எந்தெந்தக் கதாபாத்திரம் எந்தெந்த மாதிரி குணாதிசயம் மிக்கது நடந்த சம்பவங்கள்? இடம், பொருள், காலம் என வாசிக்கின்ற நாம் நமக்கு நாமே விவரித்துக்கொள்ளுதல்தான் அடுத்த படிநிலை.

4. மேலும் விவரங்கூட்டுதல் (Add more information)

அடுத்தபடிநிலை மேலும் மேலும் அந்தக் கதாபாத்திரங்கள், சம்பவங்கள் குறித்து விவரங்களை கூட்டிக்கொண்டே போவதாகும். எந்த ஒரு படைப்பு அவ்விதமாக வளர்ந்து வாசிக்கும் நமக்குள் விவரங்களை கூட்டிக்கொண்டே செல்கிறது. இது நேரடி வாசிப்பு, இ- வாசிப்பு மற்றும் மின் வாசிப்பு என யாவற்றுக்கும் பொருந்தும்.

வாசிப்பும் மனிதனைப்போலவே பரிணாமம் அடைந்தே வருகிறது. நாவலாக இருந்த 'பொன்னியின் செல்வன்' வரைகலை நாவலாக *Grapics* படக்கதை வடிவம் வரை இந்த இணைய யுகத்தில் பல பரிமாணங்கள் அடைகிறது. நோவால் ஹவாரியின் சாப்பியன்ஸ் ஒரு நேரடிப் புத்தகமாகக் கிடைத்ததைவிட

லட்சக்கணக்கானவர்களை மின் புத்தகமாக அடைந்து, இன்றுவரை எல்லா கலை வடிவத்தையும் பெற்று பெருந்தரவை (பிக்டேட்டா) நிறைக்கிறது.

வாசிப்பு நம்மை என்ன செய்யும்? பலரும் நினைப்பதைப்போல அது நேரத்தை முழுங்கி வீணடிக்கும் வேலையா? செலவு பிடிக்கும் கூடுதல் சுமையா? குறிப்பாக உளவியல் கீழ்க்கண்டவற்றை நம் கவனத்திற்கு கொண்டுவருகிறது. கிட்டத்தட்ட 70,000 பேர் பங்கு கொண்ட புள்ளிவிவரச் சேகரிப்பின்படி கிடைத்த முடிவுகள் இவை. ஜூலியட் சின்னெடு மற்றும் மைலி ஹார்ஸ்ஃபைல் இருவரும் இணைந்து 2019ல் நடத்திய ஆய்வு. 12 நாடுகளை உள்ளடக்கியது.

இந்த 21ஆம் நூற்றாண்டில் அச்சான புத்தகங்களை வாசிப்பதற்கும் திறன்பேசி அல்லது மின் சாதனத்தில் ஆன்லைனில் வாசிப்பதற்கும் என்ன வித்தியாசம் என்பதை அவர்கள் முதலில் கேட்டறிந்தார்கள். இரவில் மற்றவர்களுக்கு தொந்தரவு தராமல் விளக்கை அணைத்துவிட்டு திறன்பேசி வழி வாசிப்பைத் தொடர முடிகிறது என்பதில் இருந்து ஒரே திறன்பேசியில் 100-150 புத்தகங்களை சேமித்து வைக்க முடிகிறது என்பது வரை இளைஞர்கள் ஆதரவு மின் புத்தகங்களுக்குத்தான்.

நாற்பது வயதைக் கடந்தவர்களில் பெரும்பாலானவர்கள் அச்சான நிஜப் புத்தகங்களே இன்றும் சிறப்பானவையாக இருக்க முடியும். புத்தகச் செலவு தவிர, வேறு செலவு இல்லை. மின் புத்தக ஒளி கண்களைப் பாதிக்கிறது என்றெல்லாம் வாதிடுகிறார்கள். வாசிப்பின் கூடவே விளம்பரங்கள் வருவதும் பிரச்சனை. இணையத்தில் நிறைய போலி நாவல்களும் வலம் வருகின்றன. ஆனால் வாசிப்பு

நிற்கவில்லை. ஜூலியட் மற்றும் மைலியின் ஆய்வு வாசிப்பு தரும் வரங்களைப் பட்டியலிட்டது.

1. நினைவாற்றலை தக்கவைக்கிறது. புத்தகம் வாசிக்கும் பழக்கம் இருப்பவர்களுக்கு ஸ்கீஷோபெர்னியா உட்பட நினைவு தப்பும் உளவியல் நோய்கள் வருவதில்லை. மூளை தசைகளுக்கு வாசிப்பு சிறந்த பயிற்சியாக உள்ளது. எனவே வாசிப்பு அறிவாற்றலை அள்ளித்தருகிறது.
2. இளம் வயதிலேயே வாசிப்பிற்குப் பழகும் குழந்தை, அதாவது புத்தக வாசிப்பை தன் அன்றாட வாழ்வின் அங்கமாக்கும் ஒரு குழந்தை-நடத்தை விதிகளை மதித்தல், சமூக நீதியை முன்மொழிதல் உட்பட பல நவீன அம்சங்களை தன்னியல்பாக அடைகிறது.
3. வாசிப்பு மனித - உறவை, மனிதர்களை கையாளும் உத்திகளை யாரும் சொல்லித் தராமலே மனதில் விதைக்கிறது. பல நாடுகள் ஊர்கள், இடங்கள் சுற்றி பல்வேறு வகைப்பட்ட மனிதர்களை சந்திக்கும் பயண அனுபவத்தை அன்றாட வாசிப்பே வழங்கிவிடும்.
4. வாசிப்பு மட்டுமே படைப்பாக்கத்தையும் தனித் திறன்களையும் மேம்பாடு அடைய வைக்கும். முழுமையான, கவனச் சிதறலற்ற செயல்பாடுகளை வாசிப்பு விதைக்கிறது.
5. வாசிப்பு மன அழுத்தத்தை முற்றிலும் தகர்த்து தற்கொலைத் தூண்டல், வெறுப்புணர்வு, சுய வெறுப்பு இவற்றை மறைய வைத்து ஒருவரை சமூக மனிதராக்கும். இப்படி ஒரு நூறு தரவுகளை ஆய்வு தருகிறது.

சமூகத்தில் வாசிப்பை ஒரு கலாச்சாரமாக்குதல் வெகுஜன வாசிப்பின் நோக்கம் ஆகும். நவீன 21-ஆம்

நூற்றாண்டு வாசிப்பின் வகைப்பாடுகளை கருத்தில் கொண்டு நாம் நூலகங்களை செப்பனிட வேண்டும். வாசிப்பு இணைய சேவை, மின் புத்தகங்கள், ஒலி-புத்தக அறை என்று இன்று அவற்றை டிஜிட்டல் மயமாக்க வேண்டி உள்ளது. வங்கிகளுக்கு ஏ.டி.எம். இருப்பதுபோல நூலகங்களுக்கு - புத்தகக் குடில்களை ஊர் முழுதும் அங்கங்கே அமைக்க இந்த ஆய்வு பரிந்துரைத்தது. பள்ளி, கல்லூரிகளில் வாசிப்பு மின் சாதனங்களை மாணவர்கள் பயன்படுத்த பயிற்சி தருவதில் இருந்து வாசித்ததை பகிர்தல் ஒரு கல்விப் செயல்பாடாக ஆக்கப்படவும் இந்த ஆய்வு ஒரு யோசனையை முன்வைத்தது.

எனவே இன்றையப் புத்தகம் மாறி இருக்கிறது. அச்சான காகித நூலாக அது வரும் அதே சமயம் மின் புத்தகமாக, ஒலிப் புத்தகமாக, இணையத்தில் இரவும் பகலும் வாங்க முடிந்த இ- புக் வடிவமாக எல்லாம் வெளிவருகிறது. வெளிவந்தே ஆக வேண்டிய நிர்ப்பந்தமும் உள்ளது. வாசிப்பு செத்துவிட்டது என்று இதற்குப் பிறகும் வாதிடுபவர்களுக்கு ஒரு கொசுறு செய்தி. பென்சில்வேனியா பல்கலைக்கழகத்தில் வாசிப்பு இயல் (Readology) என்று தனிப்பட்ட படிப்பையே தொடங்கி இருக்கிறார்கள். இ-வாசிப்போ, மின்-வாசிப்போ, நேரடி வாசிப்போ, வாசிப்பை நேசிப்போம். சீரழிவில் இருந்து நம் சமூகத்தை மீட்போம்.

அறிவியலை அழித்து வரும் அரசை வீழ்த்த வேண்டும்

நேர்காணல்: விஞ்ஞானி புஷ்பா மித்ரா பார்கவா

தமிழில் : ஆயிஷா இரா.நடராசன்

விஞ்ஞானி புஷ்பா மித்ரா பார்கவா ஹைதராபாத் செல்கள் மற்றும் மூலக்கூறு உயிரியல் தேசிய ஆய்வகத்தின் நிறுவனர். இந்தியாவின் தலைசிறந்த விஞ்ஞானிகளில் ஒருவர். சர்வதேச அளவில் முதன்மையாய் விளங்கும் மூலக்கூறு உயிரியலாளர். 1986ல் தனக்கு வழங்கப்பட்ட பத்ம பூஷன் விருதைத் திருப்பி ஒன்றிய பாஜக அரசுக்குத் தன் கடும் எதிர்ப்பைக் காட்டி பரபரப்பை ஏற்படுத்தியவர். 107 தலைசிறந்த விஞ்ஞானிகளை ஒன்றிணைத்து "நம் இந்திய ஜனநாயகத்தைக் காப்போம்" என்ற சிறப்பு அறிக்கையை வெளியிட்டவர். மத்திய மோடி அரசு அறிவியல் வளர்ச்சிக்கான நிதியை முற்றிலும் முடக்கி, தரமான அறிவியல் ஆராய்ச்சிகளை நிறுத்தி, கல்வியில் இருந்து அடிப்படை அறிவியலை நீக்கி நாட்டை இருண்ட பாதைக்குத் திருப்பி விட்டதாக இந்தக் காரசாரமான நேர்காணலில் அவர் விவாதிக்கிறார். அவரை நேர்காணல் செய்தவர் அடுல்டேவ். இந்த நேர்காணல் அவர் மறைவுக்கு முன்பாக 2017ஆம் ஆண்டு 'தி காரவென்' (*The Caravan*) அரசியல் / கலாச்சார இதழில் வெளிவந்தது.

ஏனைய விஞ்ஞானிகள் போலில்லாமல் மோடி அரசை நேரடியாக எதிர்த்து நிற்கிறீர்களே...

மூன்று காரணங்கள். இந்த அரசு ஜனநாயக அரசு அல்ல. இது இந்துத்துவ சர்வாதிகார அரசாக இயங்குகிறது. இரண்டாவது, சி.எஸ்.ஐ.ஆர்., ஊடுருவப்பட்டு விட்டது. ஆர்.எஸ்.எஸ். வாதிகளின் கூடாரமாக அதை மாற்றுகிறார்கள். மூன்றாவது,

இந்திய அரசியல் அமைப்புச் சட்டம் பெரிய ஆபத்தில் சிக்கி உள்ளது. 51A பிரிவின்படி ஒவ்வொரு இந்தியரும் விஞ்ஞான விழிப்புணர்வு பெற வேண்டும் என்கிற ஷரத்தை இந்த அரசு மதிக்கவில்லை. அந்த ஷரத்தைக் கொண்டுவந்த கல்வியாளர், முன்னாள் கல்வி அமைச்சர் நூருல் ஹசன் அவர்களோடு நெருங்கிப் பணி ஆற்றியவன் நான். என்னால் இவற்றைப் பார்த்துக்கொண்டு இருக்க முடியவில்லை.

மேலும் சிறுபான்மையினர் மீதான சகிப்புத் தன்மையைத் தகர்த்துக் கொடூரமான அச்சத்தைத் தருகிறார்கள். முற்றிலும் அறிவியல் மாநாடுகளில் ஆய்வுக் கட்டுரையாக முன்வைத்து நமது இந்தியாவின் அறிவியல் பெருமைகளையே சீர்குலைக்கிறார்கள். நம்பிக்கைவாத மதவெறிக் கொள்கைகளை அறிவியலில் புகுத்தி, நம்பமுடியாத அளவிற்கு நம் பகுத்தாயும் சிந்தனை மரபிற்கே முற்றுப்புள்ளி வைக்க நிதியே ஒதுக்கித் திட்டமிட்டுச் செயல்படுகிறார்கள்.

சந்திராயன் முதல் இஸ்ரோவின் வெற்றிகளை எல்லாம் தனது அறிவியல் வெற்றி என்று மோடி பறைசாற்றுகிறாரே?

இஸ்ரோவின் நிலைமை மிக மிக மோசம். அவர்கள் திட்டங்களுக்காகக் கேட்ட தொகையில் நான்கில் ஒரு பகுதிகூட ஒதுக்கவில்லை. உதிரிப்பாகங்கள் முதல் தகவல்தொடர்பு வரை அதானி குழுமத்திடம்விட்டு தனியார் மயம் ஆக்கி விட்டார்கள். எப்போது ரஃபேல் நுழைந்ததோ, அதிலிருந்தே நமது இராணுவத் தளவாட உற்பத்தி அறிவியல் உட்பட பலவற்றில் தனியார் மயம்

புகுந்து விட்டது. நுண் அறிவியல் முதல் தட்பவெப்ப- ஆய்வு, உடற்கூறியல் என்பதில் மருத்துவ மருந்தியல் துறை பல கோடி தனியார்மய ஊழலில் சிக்கி உள்ளது. இப்படி அடுக்கிக்கொண்டே போகலாம். கடந்த பத்தாண்டுகளில் இவர் முடக்கிச் சீரழிக்காத அறிவியல் துறையே கிடையாது.

மத்திய அரசின் மரபணுப் பொறியியல் மதிப்பீட்டுக் குழுவில் (ஜி.இ.ஏ.சி.) உறுப்பினாக இருந்தவர் நீங்கள், இன்றைய விவசாயிகள் போராட்டத்தை எப்படிப் பார்க்கிறீர்கள்?

விவசாயிகளை நாம் கைவிட்டது கொடுமை. அவர்களை ஏதோ கிரிமினல்கள்போல நடத்துகிறார்கள். நாம் மரபணுமாற்றப் பருத்தி (பி.டி.பருத்தி) மற்றும் மரபணுமாற்றக் கத்திரிக்காய் இவற்றுக்கு அன்று (2010ல்) மத்திய அரசின் மரபணு பொறியியல் மதிப்பீட்டுக் குழு மூலம் (தடையைக் கொண்டுவர) முடிந்தது. விவசாய இடுபொருட்களைப் பெற்று சந்தைக்கு வழங்கும் அமைப்பையே இன்று சிதைத்துவிட்டார்கள். அதானி குழுமப் பண்ணை முறையை வலுக்கட்டாயமாக திணிக்கிறார்கள். விவசாய உற்பத்தி, தன்னலமற்ற உழைப்பு, அர்ப்பணிப்பு மூலம் - இந்திய விவசாயிகள் பெரும் பஞ்சங்களையே முடிவுக்குக் கொண்டுவந்தவர்கள். ஏற்கெனவே கடும் கடன் சுமையில் தவிக்கும் அவர்களது மிக மிகச் சாதாரணமான கோரிக்கை களைக்கூடப் பரிசீலிக்கும் மக்கள் அரசாக இது இல்லை. எப்படி கார்ப்பரேட் உணவு உற்பத்திக்கு இவர்களைப் பலியிடலாம் என்பதையே குறிக்கோளாகக்கொண்ட இந்த அரசு காலிஸ்தான், மத சரிதம் என்றெல்லாம் அதையும் திசை திருப்பவே பார்க்கிறது. தற்போது தேசிய வேளாண் ஆராய்ச்சிக்

கழக நிதியையும் முடக்கி விட்டார்கள். விவசாய நுண் உயிரி- ஆய்வுகள் இனி தனியார் ஆய்வகங்களில்தான் நடக்கும் என்றால் நமக்கு மத்தியில் ஓர் அரசு எதற்கு?

இருபத்தோரு வயதிலேயே உயிரி-வேதியியலில் பிஎச்.டி., பட்டம் முடித்தவர் நீங்கள். சார்லஸ் ஹைடல் பெர்கரோடு இணைந்து அமெரிக்க விஸ்கான்சின் பல்கலைக்கழகத்தில் உயிரித் தொழில்நுட்ப ஆய்வில் தொட்கி 1954 முதல் இருபதாண்டுகள் தொடர்ந்து பிரான்ஸ், ஜெர்மனி, இங்கிலாந்து என்று பணிசெய்த உலகப் பிரசித்தி பெற்ற விஞ்ஞானி நீங்கள். இந்தியாவின் தற்போதைய கல்விச் சூழல் பற்றி என்ன நினைக்கிறீர்கள்?

புதிய கல்விக் கொள்கையே அனைத்து ஆர்.எஸ்.எஸ். சித்தாந்தங்களின் அடிப்படையிலும் அமைந்ததுதான். அது அடிப்படை அறிவியலுக்கு எதிரானது. இனி நம் நாட்டுக் குழந்தைகள் எதைக் கல்வியாகக் கற்க வேண்டும் என்பதை ஆர்.எஸ். எஸ். முடிவு செய்யும். பள்ளிக் கல்வியில் இருந்து டார்வின் தூக்கி எறியப்பட்டு விட்டார். இஸ்லாமிய அறிவியலாளர்கள் மட்டுமல்ல, விடுதலை வீரர்களைப் பற்றியும்கூட இனி பாடத்தில் இருக்காது. உயர் கல்வி முற்றிலும் தனியார் மயமாகிறது. ஒருவர் இந்த நாட்டில் இயற்பியல் படிப்பதாக இருந்தால் – அவர் இயற்பியலோடு தொடர்புடைய நேனோவியல், இயற்வேதியியல் எனப் படிக்க வேண்டும். இங்கே அவர்கள் கீதா சாரம், வேத கணிதம் என வைத்து அறிவியலை மூன்றாம் தரமாக்கி விட்டார்கள். வாஜ்பாய் அரசாங்கம் சோதிடத்தை ஒரு பல்கலைக்கழக "அறிவியல்" பாடமாக்கியபோது நாடே வீதியில்

இறங்கிப் போராடியது. இன்று எதிர்க் குரல்கள் முடக்கப்படுகின்றன. பேராசிரியர் கல்பர்க்கி, டாக்டர் நரேந்திர தபோல்கர், அறிஞர் கோவிந்த பன்சாரே ஆகியோரைப்போல அவர்கள் கொலை செய்து தங்களது சித்தாந்தத்தைச் சட்டமாக்கிட எதையும் செய்யத் துணிகிறார்கள். நேரடியாக கொலையாளர்களை அடையாளம் காட்டியும் அவர்களுக்கு எந்தத் தண்டனையையும் பெற்றுத் தர இன்று வரை முடியவில்லை. எந்த வளர்ச்சி சமுதாயத்திலும் இந்த நிலையை நீங்கள் பார்க்க முடியாது. இன்று இந்திய அரசியல் அமைப்புச் சட்டத்தையே மாற்றி மதவாதப் பிற்போக்கு அரசியல் சட்டமாக அதை மாற்றிவிடத் துடிக்கிறார்கள்.

அறிவியல் ஆய்வுகளைத் தொடர்ந்திட முடியாத ஒரு சூழல் நிலவுவதால் பத்ம பூஷன் விருதை திருப்பிவிடத் தீர்மானிக்கிறேன் என்று கூறி இருக்கிறீர்களே?

எங்கள் ஐதராபாத் உயிரணு மற்றும் மூலக்கூறு உயிரியல் மையத்தின் தேசிய ஆய்வகம் எனும் அந்தஸ்தே கேள்விக்குறி ஆக்கப்பட்டிருக்கிறது. இங்கு நுண் உயிரி முதல் மூலக்கூறியல் வரை பல்துறை ஆய்வுகள் நடத்தப்படுகின்றன. இந்த மையத்தை மூலக்கூறு உயிரியல் பிணையச் சிறப்பு மையமாக ஐக்கிய நாடுகள் கல்வி அறிவியல் பண்பாட்டு நிறுவனம் அறிவித்துள்ளது. மொத்தம் ஏழு துறைகள் சார்ந்து ஆயிரம் பேர் ஆய்வு செய்து பல சாதனைக் கண்டுபிடிப்புகளை நிகழ்த்தி இருக்கிறோம். 1987 முதல் இன்று வரை முன்னூறுக்கும் மேற்பட்ட சர்வதேச உரிமங்களைத் தரும் கண்டுபிடிப்புகளைச் சாதித்து இருக்கிறோம்.

தொற்றுநோய்கள் பிரிவு, கணிப்பிய உயிரியல் மற்றும் உயிரி தகவலியல் பிரிவில் உலகிலேயே தலைசிறந்த ஆய்வகச் சான்று ஆறுமுறை கிடைத்தது. இன்று எங்கள் நிலை என்ன? நாங்கள் மாதச் சம்பளம் வாங்கி ஏறக்குறைய ஒரு வருடம் ஆகிறது. எங்களது அடிப்படை ஆய்வுத்துறைக்கான நிதி ஒதுக்கீடு நின்றுபோய் இரண்டு வருடங்களாகிறது. உங்கள் ஆய்வுக்காக நீங்களே நிதி ஆதாரங்களை உருவாக்கிக்கொள்ளலாம் என்கிறார்கள். கடன் பெற்று ஆய்வைத் தொடர அம்பானி, அதானியை நாட நிர்பந்திக்கிறார்கள். அமுல் பால் உற்பத்தியின் ஓர் ஆய்வுப் பிரிவாகச் செயல்படுங்கள் என்கிறார்கள். எங்களுக்கான ஆய்வுக் கருவிகளை சுவிட்சர்லாந்தில் இருந்தோ, சுவீடனில் இருந்தோ துல்லியத்திற்காக நாங்கள் கேட்டுப் பெற முடியாது. உள்ளூர்ச் சரக்கை வைத்து உள்ளூர் ஆய்வு என மிரட்டி மூன்றாம் தரமான ஆளும் கட்சி ஆதரவு கார்ப்பரேட் ஆய்வுக் கருவிகளை சப்ளை செய்யும். அதற்குப் பெரிய கமிஷன். பதினாறு ஆய்வுத் திட்டங்கள் ஒப்புதல் பெறும் நிலையில் மூன்றாண்டுகளாக நிலுவையில் உள்ளன. இந்த நிலையில் பசுமாடு அதன் பால் முதல் உமிழ்நீர் வரை ஏதாவது ஒன்றை ஆய்வு செய்யுமாறு பிரதமர் அலுவலகமே கடிதம் அனுப்புகிறது. வெட்கக்கேடு.

ஏனைய துறைகளும் அப்படித்தான் உள்ளவை? சரி பத்ம பூஷன் விருதைத் திருப்பினால் அது எதிர்ப்பைப் பதிவு செய்யும் என்று நம்புகிறீர்களா?

ஏனைய துறைகள் இதைவிட மோசம். ஆனால் யாருமே வாயைத் திறக்கவில்லை. உதாரணமாகக் கணிதம் என்பது இந்திய சாதனை வெளியாக

இருந்தது. சீனிவாச ராமானுஜன், ஹாரிஷ் சந்திரா, கார்மார்க்கர், ராஜ் சந்திரபோஸ், சேஷாத்ரி மெஹல்னோபிஸ் என்று இவர்கள் யாவருமே அவரவர்களின் கணிதத் துறையில் உலகறிந்த பிரமாண்டங்களை உருவாக்கிக் கொடுத்தவர்கள். உதாரணமாக சி.ஆர்.ராவ் மாட்ரிக்ஸ் அல்ஜிப்ராவிலும் லீனியர் அல்ஜிப்ராவிலும் செய்த பங்களிப்புகள் அழியாப் புகழ் பெற்றவை. இன்று நிலை என்ன? இந்தியாவில் மொத்தம் பன்னிரண்டு சிறப்பான கணித ஆய்வகங்கள் உள்ளன. தற்போது நிதி ஒதுக்கீடு ஏறக்குறைய பூஜ்யம். ஓர் ஆய்வகம் நுண் கணிதத்தில் ஆய்வு செய்தால் அந்தத் துறையில் வேறு ஆய்வகம் ஆய்வு செய்யக்கூடாது என்று உத்திரவு போடுகிறார்கள். அப்படி கணித ஆய்வு செய்ய முடியுமா? கோட்பாட்டு இயற்பியல், வேதி அறிவியல் என்று எதை எடுத்தாலும் ஓர் ஆய்வு மாணவரோ, அறிவியலாளரோ, தான் விரும்பும் திசையில் பயணிக்க முடியாது. உங்கள் இறகுகள் வெட்டப்படும். வேறு எப்படி இந்தக் கொடுமையை எதிர்ப்பது? பிரிட்டிஷ் ஆட்சிக் காலத்தில்கூட அறிந்திராத ஒடுக்குமுறை இது. சொந்த நாட்டில் இன்று அறிவியலாளர்கள் குற்றவாளிபோல, கிரிமினல்போல, ஊழல்வாதிபோல ஜோடிக்கப்படுவதும் கேட்டால் கொலைகூட செய்து விடுவதும்... அதற்குத்தான் என் விருதுகளை திருப்புகிறேன். இனி இவற்றை வைத்துக்கொண்டு என்ன செய்யப்போகிறேன்?

இந்திய அறிவியல் மாநாடு 1964ல் கூட்டப்பட்டபோது அறிஞர் சதீஷ் தவானோடு இணைந்து நியூக்ளிக் அமிலம் தொடர்பாக ஹைதராபாத்தில் உலக – கருத்தரங்கம் நடத்தி பெரிய அளவில் கவனம் பெற்றீர்கள். சமூகத்தில் அறிவியல் சிந்தனைக்கான

கழகம் எனும் அமைப்பையும் ஏற்படுத்தினீர்கள். இன்று அதன் தேவை அதிகரித்துள்ளதே?

இந்திய அறிவியில் மாநாடு என்பது உருத்தெரியாமல் அழிக்கப்பட வேண்டும் என்பதே அரசின் நிலைப்பாடாக உள்ளது. 1914ல் மலேரியா நோய் விழிப்புணர்வுக்காக தொடங்கப்பட்ட அமைப்பு இந்திய அறிவியல் மாநாட்டுக் கழகம். 1963ல் பொன்விழா ஆண்டு இந்திய அறிவியல் மாநாடு டி.எஸ்.கோத்தாரி தலைமையிலும் 1973ல் வைரவிழா ஆண்டு இந்திய அறிவியல் மாநாடு - சூரி பகவந்தம் தலைமையிலும் நடத்தினோம். இந்த இரண்டிலும் எனது பங்களிப்பு முழுமையாக இருந்தது. இன்று அப்படி ஓர் அமைப்பு தேவை இல்லை என்று நரேந்திர மோடி நினைக்கிறார். இந்திய அறிவியல் மாநாடுகள் கடந்த பத்தாண்டுகளாகப் பெரிய கேலிக்கூத்தாகத் திட்டமிட்டு ஆக்கப்பட்டன. இந்தியப் புராதன அறிவியல் என்கிற பெயரில் சமஸ்கிருத வேதகால உளறல்களைத் திணித்து உலகை அதிர்ச்சி அடைய வைத்தார்கள். 'ஓம்' ஒலிபற்றி ஆய்வு, புஷ்பக விமானம் (இராமாயணம்) குறித்த தொழில்நுட்பம் என கேலிக்கூத்துகள் வேறு. இந்திய அறிவியல் மாநாடு என்பதற்கு இந்துத்துவ மாற்றாக - இந்தியா சர்வதேச அறிவியல் திருவிழா என்பதை நூறு கோடி ரூபாய் செலவில் சுதேசி அறிவியல் இயக்கம் என ஆர்.எஸ்.எஸ். மயமாக்கி உண்மையான விஞ்ஞானிகளை வெளியற்றிவிட்டு தியானம், யோகக் கலை என சாமியார்களை அறிவியலாளர்களாக்கி விட்டார்கள். ஆண்டுதோறும் ஜனவரியில் 118 ஆண்டுகளாகக் கூடி வந்த இந்திய அறிவியல் மாநாட்டிற்கு உலக அந்தஸ்து இருந்தது.

நோபல் அறிஞர்கள் பியரி கியூரி முதல் வெங்கி ராமகிருஷ்ணன் வரை ஆண்டுதோறும் நம் நாட்டிற்கு வருகை புரிவதும் ஆய்வு முடிவுகளைப் பகிர்வதும் பெரிய அளவில் நமக்கு உதவியது.

ஆனால் அப்படியான ஒரு வாயில் கதவைத் தற்போது அடைத்து விட்டார்கள். இன்று ஆய்வுகளை சாதாரண நிலையில்கூட சி.எஸ்.ஐ.ஆர். இல்லை. விஞ்ஞானிகள் எனும் போர்வையில் ஆர்.எஸ்.எஸ். குண்டர்கள் ஊடுருவி விட்டார்கள். ஐ.ஏ.எஸ்., எனும் இந்திய ஆட்சித்துறையில் 80 சதவிகிதம் ஆர்.எஸ்.எஸ். இராமர் கோவிலுக்கு விஞ்ஞான முறைப்படி இராமநவமி அன்று இராமர் சிலை மேல் சூரிய ஒளியை எதிரொளித்து புதிய "ராமன்-விளைவு" ஏற்படுத்தப் பலகோடி திட்டம்... இந்திய விமான நிலையங்கள், கப்பல் கட்டுமானம், ரயில்வே என்று தொழில்நுட்பம் அதானி மயமாகிறது. சி.எஸ்.ஐ.ஆர். போன்ற அறிவியல் ஆய்வகங்கள் காவிமயம் ஆகின்றன. இதுதான் யதார்த்த சூழல். பொதுமருத்துவத்துறையை பாபாராம்தேவும், வானியல் ஆய்வுத்துறையை சோதிட வல்லுனர்களான இந்து பிரகாஷ், ஜி.டி. வாசிஷ்டா போன்றவர்களும் பார்த்துக்கொள்வார்கள்.

இந்தக் கொடுமைகளுக்கு முடிவு கட்ட பத்ம பூஷன் விருதைத் திருப்பித் தருவது தீர்வா?

இந்தியாவின் நவீன காலக் கோவில்கள் என்று இந்திய ஆய்வு நிறுவனங்களை நேரு அழைத்தார். சிறியதும் பெரியதுமான 240 ஆய்வுக்கூடங்கள் ஏற்படுத்தப்பட்டு உலகிற்கே வழிகாட்டும் அறிவியல் சித்தாந்த அடித்தளம் தகர்க்கப்பட்டு விட்டது. இந்திய அரசியல் சட்டமே பெரிய

ஆபத்தில் உள்ளது. சகோதரத்துவம், அறிவியல் விழிப்புணர்வு, சகிப்புத்தன்மை, அறிவு வளர்ச்சிக்கான பொதுத் தேடல் தகர்ந்து மத அடிப்படைவாதமும், அறிவியலே என்பது பெரிய பிரச்சாரமாகி நம் அடுத்த சந்ததியை சீர்குலைத்து வருகிறது. அறிவியல்வாதிகள் குறைந்தபட்ச இந்திய-சித்தாந்த ஆதரவாளர்கள் ஏதாவது ஒருமுறையில் எதிர்ப்பை தெரிவிக்க வேண்டி இருக்கிறதே?

எனக்குத் தெரிந்த எதிர்ப்பு அரசு முன்பு கொடுத்த விருதை திருப்புவது. ஆனால் இறுதித் தீர்வு இந்த மதவாத, அறிவியல் பேரழிவு அரசை தூக்கி எறிந்து வேரோடு பிடுங்கி எறிவதுதான் என்பது யாவரும் அறிந்ததே.